Multiphase Catalytic Oxidation
Treatment Technology and Engineering
of Organic Waste Gas

有机废气

多相催化氧化处理及工程应用

杜长明　陆胜勇　丁佳敏　编著

化学工业出版社
·北京·

内容简介

本书以有机废气处理传统技术和新兴技术的应用为主线，首先归纳汇总了有机废气的基本概念和处理方法；然后介绍了多相催化氧化处理有机废气的理论研究成果，包括有机废气多相催化氧化处理的技术原理和技术路线、多相催化氧化降解甲苯废气的效果和机理、多相催化氧化降解 NH_3 废气的效果和机理以及多相催化氧化降解甲苯和 NH_3 混合废气的效果和过程原理；再后介绍了多相催化氧化处理有机废气的工业化工程实践案例，包括日用化工污水处理站恶臭废气多相催化氧化治理工程、方便面厂油烟废气多相催化氧化治理工程、燃料电池催化材料有机废气多相催化氧化治理工程、汽车维修喷涂有机废气多相催化氧化治理工程以及塑料包装制品厂印刷及注塑有机废气多相催化氧化治理工程等。

本书理论与工程实践有效结合，具有较强的技术应用性和参考价值，可供环保、催化材料、化工、能源等领域的科研人员和工程技术人员参考，也可供高等学校环境科学与工程、化学工程及相关专业师生参阅。

图书在版编目（CIP）数据

有机废气多相催化氧化处理及工程应用 / 杜长明，陆胜勇，丁佳敏编著. — 北京：化学工业出版社，2024.4 （2024.7 重印）

ISBN 978-7-122-44841-5

Ⅰ. ①有… Ⅱ. ①杜… ②陆… ③丁… Ⅲ. ①工业废气-多相催化-氧化-废气治理 Ⅳ. ①X701

中国国家版本馆 CIP 数据核字（2024）第 018087 号

责任编辑：刘兴春 刘 婧　　文字编辑：贾羽茜 王云霞
责任校对：宋 夏　　装帧设计：韩 飞

出版发行：化学工业出版社
（北京市东城区青年湖南街 13 号 邮政编码 100011）
印 装：涿州市般润文化传播有限公司
710mm×1000mm 1/16 印张 10 字数 162 千字
2024 年 7 月北京第 1 版第 2 次印刷

购书咨询：010-64518888　　售后服务：010-64518899
网 址：http://www.cip.com.cn
凡购买本书，如有缺损质量问题，本社销售中心负责调换。

定 价：86.00 元

前 言

工业生产过程所产生的挥发性有机化合物（VOCs）和恶臭气体严重地威胁环境质量和人体健康，自 2010 年起，我国政府已经针对 VOCs 的排放问题相继出台了一系列的政策及法规，含有 VOCs 的有机废气的控制问题成了大气污染防治工作的重要内容。VOCs 和恶臭气体控制治理技术主要包括源头过程控制技术和末端治理技术。工业源排放的含 VOCs 有机废气具有面广但分散、排放强度大、浓度波动和组分复杂的特点，且企业受经济技术水平和资源环境限制，目前末端治理技术仍然不可替代。末端治理技术又可分为可回收技术和销毁技术两大类。可回收技术是通过改变系统温度、压力或使用选择吸收剂、吸附剂和选择性膜分离技术使有机污染物从废气中分离并集中处理的技术；销毁技术是通过生化反应或化学反应，利用热、光、催化剂或微生物将废气中的有机污染物转化为水、二氧化碳等无毒小分子物质的技术。在高级氧化法的基础上发展起来的销毁型多相催化氧化技术，核心在于利用固相催化剂的催化作用使氧化剂分解产生具有强氧化性的羟基自由基（·OH），从而使污染物的氧化降解更迅速和更彻底。

本书共计 10 章，凝聚了有机废气多相催化氧化处理技术的前沿学术成果和工程实践案例，从多相催化氧化的基本原理和机理、发生器类型、物理化学特征到有机物降解机理与副产物、工程案例均做了详细论述。第 1 章归纳汇总了有机废气的基本概念和处理方法，第 2～5 章介绍多相催化氧化处理有机废气的理论研究成果，第 6～10 章介绍多相催化氧化处理有机废气的工业化实践案例。其中，第 2 章介绍有机废气多相催化氧化处理的技术原理和技术路线，第 3 章介绍多相催化氧化降解甲苯废气的效果和机理，第 4 章介绍多相催化氧化降解 NH_3 废气的效果和机理，第 5 章介绍多相催化氧化降解甲苯和 NH_3 混合废气的效果和过程原理，第 6 章介绍日用化工污水处理站恶臭废气多相催化氧化治理工程，第 7 章介绍方便面厂油烟废气多相催化氧化治理工程，第 8 章介绍燃料电池催化材料有机废气多相催化氧化治理工程，第 9 章介绍汽车维修喷涂有机废气多相催化氧化治理工程，第 10 章介绍塑料包装制品厂印刷及注塑有机废气多相催化氧化治理工程。

感谢国家自然科学基金（编号：61871409）和浙江大学台州研究院中试项目（编号：2022ZSS04）的资助，同时感谢宋世炜、陈浩卓、黄裕明、杨小卫、陈磊英、黄云游、朱慧、邱子珂、邱倩虹等人所付出的辛勤劳动。

限于编著者水平及编著时间，书中不足和疏漏之处在所难免，恳请读者批评指正。

杜长明

2023 年 8 月

目 录

第1章

概　论

随着城市化和工业化进程的加快，大气污染严重危害人体健康，并给生态环境、气候变化带来许多不利影响，已经成为全球各国面临的重大挑战之一。各国政府对于大气污染的治理也十分重视，我国对于大气污染治理的历程，大体可以分为表 1.1 所列的四个阶段。

表 1.1　我国大气污染治理历程

项目	第一阶段	第二阶段	第三阶段	第四阶段
时间范围	1970～1990 年	1990～2000 年	2000～2010 年	2010 年至今
主要控制污染物	TSP	SO_2 和 TSP	SO_2、NO_x、PM_{10}	SO_2、NO_x、PM_{10}、$PM_{2.5}$、VOCs
主要控制污染源	工业点源	燃煤和工业	燃煤、工业、扬尘	全面管控
污染特征	烟尘、黑度	酸雨、煤烟型污染	煤烟型污染未获控制，光化学污染开始显现	复合型
空气污染范围	以局地为主	从局地污染向局地和区域污染扩展	区域性	区域性
环境质量管理	属地管理	属地管理，“两控区”实行 SO_2 排放总量控制	属地管理＋总量控制	属地管理到区域联防联控管理＋总量控制

注：TSP—总悬浮微粒。

挥发性有机物（volatile organic compounds，VOCs）污染在联合国 1991 年通过《VOCs 跨国大气污染议定书》后受到格外关注。随着我国“十一五”烟气脱硫除尘、“十二五”烟气脱硝以及“十三五”烟气超低排放控制等工作的推进，工业烟尘、二氧化硫和氮氧化物（NO_x）的排放已经得到了有效的控制。自 2010 年起，我国政府已经针对 VOCs 的排放问题相继出台了一系列的政策及法规，含有 VOCs 的有机废气的控制问题成了大气污染防治工作的重要内容。

工业生产过程所产生的有机废气会给环境质量和人体健康带来严重的威胁，因此对其进行的防治引起了国内外广泛的关注和研究，我国更是把 VOCs 控制作为国家和地方“清洁空气行动计划”以及“打赢蓝天保卫战”的专项行动之一。世界卫生组织（WHO）定义挥发性有机物（VOCs）是在常温下，沸点为 50～260℃的各种有机化合物。不同国家、地区和组织对于 VOCs 的定义不同，见表 1.2。

表 1.2　国内外对挥发性有机物的定义

国家/地区/组织及标准文件		定义描述
国际组织	世界卫生组织(WHO)	指在常温下，沸点为 50～260℃的各种有机化合物的总称
	国际标准化组织(ISO)	指在常温常压下，任何能自然挥发的有机液体或者固体
欧盟	工业排放指令(Industrial Emissions Directive,IED,2010/75/EU)	指在 20℃、蒸气压不小于 0.01kPa 或者特定使用条件下具有相应挥发度的任何有机物和杂酚油组分
	环境空气质量指令(2008/50/EC)和国家大气污染物排放控制计划(2016/2284)	指除了甲烷外，能和氮氧化物在阳光照射下作用发生反应的任何人为源和生物源排放的有机化合物
	涂料指令(2004/42/EC)	指在标准压力 101.3kPa 下初沸点小于或等于 250℃的全部有机化合物
美国	项目许可(环评阶段)	指除了 CO、CO_2、H_2CO_3、金属碳化物、金属碳酸盐和碳酸铵外，任何参与大气光化学反应的碳化合物
	新固定源排放标准(NSPS 40CER 60.2)	能参与大气光化学反应的，能依据法定方法或等效方法可以测定的，或者能依据条款具体规定的程序确定的有机化合物
	涂料及相关涂层控制标准(ASTM D3960—1998)	指任何能参与大气光化学反应的有机化合物
日本	《大气污染防治法》	排放到大气或扩散后以气体形式存在的有机化合物，政令规定的不会导致颗粒物和氧化剂生成的物质(甲烷、HCFC-124、HCFC-22、HCFC-146 等不会生成悬浮颗粒物及氧化剂的 8 种物质除外)
中国	上海市《生物制药行业污染物排放标准》(DB31/373—2010)	指 25℃时饱和蒸气压在 0.1mmHg 及以上或者熔点低于室温而沸点在 260℃以下的挥发性有机化合物的总称，但不包括甲烷
	国家排放标准《合成革与人造革工业污染物排放标准》(GB 21902—2008)	指常压下沸点低于 250℃，或者能够以气态分子的形态排放到空气中的所有有机化合物(不包括甲烷)
	国家所发布的石油炼制、石油化工、合成树脂工业等行业污染物排放标准	指参与大气光化学反应的有机化合物，或者根据规定的方法测量或核算确定的有机化合物

续表

国家/地区/组织及标准文件		定义描述
中国	《“十三五”挥发性有机物污染防治工作方案》(环大气〔2017〕121号)	指参与大气光化学反应的有机化合物,包括非甲烷烃类(烷烃、烯烃、炔烃、芳香烃等)、含氧有机物(醛、酮、醇、醚等)、含氯有机物、含氮有机物、含硫有机物等,是形成细颗粒物和臭氧污染的重要前体物
中国	国家排放标准《挥发性有机物无组织排放控制标准》(GB 37822—2019)、《制药工业大气污染物排放标准》(GB 37823—2019)、《涂料、油墨及胶粘剂工业大气污染物排放标准》(GB 37824—2019)	指参与大气光化学反应的有机化合物,或者根据有关规定确定的有机化合物

注：1. 1mmHg=133.3224Pa。

2. HCFC-124——一氯四氟乙烷；HCFC-22——一氯二氟甲烷；HCFC-146—六氟一氯乙烷。

对于VOCs检测方面，普遍采取的方法是气相色谱法，根据检测器的不同形成了不同的检测系统，包括气相色谱质谱分析系统（GC-MS）、气相色谱-氢火焰离子检测系统（GC-FID）、气相色谱-电子捕获检测系统（GC-ECD）、气相色谱-光离子化检测系统（GC-PID）、气相色谱-氮磷检测系统（GC-NPD），不同检测方法所呈现出的表征特性也不尽相同。

根据国家标准《恶臭污染物排放标准》（GB 14554—93）定义，恶臭气体是指一切刺激嗅觉器官引起人们不愉快及损坏生活环境的气体物质。随着社会的发展，生活质量的提高，人们对于环境质量的要求也日益提高。因此，恶臭、异味污染逐渐成为影响人们正常生产生活，并受到社会广泛关注的突出问题之一。近年来，恶臭气体污染事件频有发生，在美国占大气污染事件的60%以上，在日本占所有公害诉讼案的15%以上。在我国，2017年全国环境问题投诉中有17.5%是关于恶臭问题的，2018年前三个季度恶臭污染投诉占环境污染投诉的22.6%，其中一些经济发达、人口密度大的地区如北京、上海、天津、广东、浙江、江苏等地恶臭投诉占比达到环境污染投诉的30%，甚至在一些石化、化工产业聚集区有高达90%的环境污染投诉来自恶臭问题。因此，恶臭气体的管控和治理对于改善环境质量、提高人们生活水平而言是尤为重要的。

恶臭气体常见的检测方法包括嗅觉检测法、气相色谱法和嗅觉传感器检测法。恶臭气体的评价指标主要包括臭味性质、臭阈值和臭气强度。

1.1 有机废气

1.1.1 有机废气特点与危害

VOCs是一大类以碳为基础的化学物质，在室温下很容易挥发，城镇化和工业化进程的加快造成了越来越多的VOCs进入环境中。VOCs包括烃、醛、酮、醇、酯、酸、酚、胺、腈等。

VOCs对环境的影响取决于其性质、浓度以及排放源。VOCs不仅会通过各种化学反应形成空气污染，还会直接对环境产生毒性。VOCs对环境及人类的主要危害性有以下几点。

(1) 直接污染环境

释放到环境中的VOCs会直接污染空气、土壤、地下水等生态环境系统。

(2) 造成大气光化学污染

光化学烟雾中二次污染物主要有O_3、PAN（过氧乙酰硝酸酯）、含氧有机物（醛类、酮类和有机酸类）以及$PM_{2.5}$。VOCs和NO_x是O_3生成的重要前体物，其中芳香烃和烯烃是对O_3生成影响最大的VOCs。PAN没有天然源，其全部是由光化学污染产生，即由VOCs和NO_x进行的光化学反应产生。研究表明，北京、上海、广州和西安$PM_{2.5}$中有机物占到30%～40%，SO_2、NO_x和VOCs经过化学转化形成的二次组分是$PM_{2.5}$的主要组成成分。

(3) 臭氧层破坏和全球变暖

一些VOCs，特别是卤代化合物会对臭氧层产生显著的破坏，其还是大气中自由基的主要来源之一，所产生的自由基会导致温室效应从而造成全球变暖。

(4) 危害人体健康

VOCs中的毒性物质会严重危害人体健康，甚至导致死亡。在世界卫生组织公布的Ⅰ类致癌清单中，明确指出的VOCs有20种。

1.1.2 有机废气来源

挥发性有机物的来源可分为室内源及室外源。

① 室外源包括化工厂、造纸厂、食品加工厂、交通运输、石油生产、

制药行业、印染行业、电子元件生产等。

② 室内源包括家庭生产、办公室用品（如打印机等）、管道泄漏等。

挥发性有机物的来源及其排放特征如表 1.3 所列。

表 1.3 挥发性有机物的来源及其排放特征

来源	主要排放组分	排放特征
石油化工	苯系物、有机氯化物、氟利昂系列、酮、胺、醇、酯、有机酸和石油烃化合物等	浓度高、排放量大
炼油行业	氯乙烷、三氯甲烷、硫化物等	浓度高、排放量大
化学原料生产	苯系物、有机氯化物、硫化物等	脱硫环节排放量大、浓度高
制药	甲醇、丙酮、苯、甲苯、二甲苯、二氯甲烷、乙酸乙酯、三乙胺、二甲基甲酰胺、乙酸丁酯、正丙醇、乙醇、异丙醇、乙腈、环氧乙烷、甲醛等	浓度高，成分复杂，常含有酸性气体、普通有机物及恶臭气体
炼焦行业	苯、酚类、非甲烷总烃和苯并芘等	排放量适中、污染浓度高
合成纤维	二甲基甲酰胺、二甲基乙酰胺、乙醛、乙二醇、三甘醇和纺丝油剂等	浓度高、排放量大
电子制造	丙酮、丁酮、甲苯、乙苯、二甲苯等	排放浓度低、零部件喷涂环节排放量较大
汽车制造	甲苯、乙苯、二甲苯等苯系物	喷漆环节排放量大、浓度高、风量大；烘干环节浓度低、污染物少
家具制造	甲苯、二甲苯、漆雾等	排放浓度高、湿度高、风量大；非稳态排放
木材工业	甲醛、甲苯、二甲苯、漆雾等	排放浓度高、无组织排放
包装印刷	丙酮、丁酮、异丁酮、乙酸丁酯、甲苯、乙苯、二甲苯等	风量适中，复合工艺排放量较大，浓度适中
装备制造业	二氯甲烷、甲苯、乙苯、二甲苯等	风量适中、浓度适中
漆包线行业	乙苯、甲酚、二甲酚、苯酚、二甲苯、*N*-甲基吡咯烷酮、二甲基甲酰胺	涂漆阶段排放量大、浓度高
再生橡胶制造	甲硫醇、二甲基硫、二硫化碳、二甲硫醚等	浓度高、硫化物污染严重
涂料、油墨工业	苯、甲苯、二甲苯、乙苯、溶剂汽油、丙酮、苯乙烯、乙酸乙酯、乙酸丁酯、二氯甲烷等	排放多为低和中高风量、中高浓度

续表

来源	主要排放组分	排放特征
农药工业	成分复杂，主要有甲醇、甲苯、二甲苯、苯、乙苯等	排放多为中高风量、低浓度
机动车尾气	苯、甲苯、间二甲苯、对二甲苯等苯系物，丙酮，丙烯、丙烷、乙烯、乙烷、乙炔等短链烃类化合物	移动源排放

1.2 恶臭气体

1.2.1 恶臭气体特点与危害

恶臭作为七大典型公害（大气污染、土壤污染、水质污染、振动、噪声、土地下沉、恶臭）之一，其污染具有种类繁多、影响范围大等特点。恶臭气体中仅凭人类嗅觉所能感觉到的就达4000多种，按化学成分与性质可分为5类：

① 含硫化合物（如硫化氢、硫醚类、硫醇类等）；

② 含氮化合物（如氨、胺类、吲哚类、硝基化合物等）；

③ 碳氢化合物（烃类，如烷烃、烯烃、芳香烃等）；

④ 含氧类物质（如醇类、醛类、酚类、酮类、脂肪酸类等）；

⑤ 其他烃类（如氯烃、氟氯烃、溴烃等）。

恶臭气体能够被人体嗅觉器官嗅知的最低浓度为嗅觉阈值，大多数恶臭污染物的嗅觉阈值极低，会达到10^{-9}量级，甚至一些污染物能够达到10^{-12}量级（甲硫醇的嗅觉阈值为0.07×10^{-9}，硫化氢的嗅觉阈值为0.41×10^{-9}）。恶臭气体可轻易通过空气流动进行扩散，因此大多数的恶臭污染物在浓度很低的情况下便可造成大范围的影响。恶臭气体严重危害着人类的身体健康和正常生产生活，轻则使人感到不适，出现头痛、头晕、恶心、呕吐和精神不集中等症状，重则对人体的呼吸系统、循环系统、消化系统、内分泌系统与神经系统造成不同程度的毒害，其中芳香族化合物（如苯、甲苯、苯乙烯等）还对人体有致畸、致癌的危害。

表1.4为恶臭气体对人体健康的危害与表现。

表 1.4 恶臭气体对人体健康的危害与表现

危害	表现
危害呼吸系统	当人们嗅到臭气时会下意识地憋气，由此妨碍正常呼吸功能； 当人体长期受到一种或几种低浓度的恶臭气体刺激时，首先会丧失嗅觉，进而导致大脑皮层兴奋与抑制过程的调节功能失调
危害循环系统	氨等刺激性恶臭气体会使人体血压先下降后上升，脉搏先减慢后加快； 硫化氢气体会阻碍氧气的输送，造成人体内缺氧
危害消化系统	人体经常接触恶臭气体，会使人食欲不振、恶心，进而发展成为消化功能减退
其他危害	恶臭气体会使内分泌系统的分泌功能紊乱，进而影响机体的代谢活动； 氨和醛类对眼睛有刺激性作用，会引起流泪、疼痛、结膜炎、角膜浮肿； 有的恶臭物质，如硫化氢同时还会对神经系统产生毒害作用； 长期受到恶臭气体的持续作用会使人烦躁、忧郁、失眠、注意力不集中、记忆减退，从而影响正常的生产和生活活动

1.2.2 恶臭气体来源

恶臭气体的来源主要包括天然来源和人工来源。其中人工来源又包括生活来源和生产来源。天然来源主要是不流动的湖沟沼泽，其中的各种水草、藻类分解代谢会产生甲基硫、甲基硫醇等，动物尸体与植物残骸等腐败分解常常释放出硫化氢、氨等腐败性恶臭气体。

表 1.5 为恶臭气体的主要人工来源及其恶臭味性质。

表 1.5 恶臭气体的主要人工来源及其恶臭味性质

恶臭气体类别	主要来源	恶臭味性质
硫化氢	牛皮纸浆、炼油、炼焦、石化、煤气、粪便、硫化碳的生产或加工	腐蛋臭
硫醇类	牛皮纸浆、炼油、煤气、制药、农药、合成树脂、合成纤维、橡胶	烂洋葱臭
硫醚类	牛皮纸浆、炼油、农药、垃圾、生活污水下水道	蒜臭
氨	氮肥、硝酸、炼焦、粪便、肉类加工、家畜饲养	尿臭、刺激臭
胺类	水产加工、畜产加工、皮革、骨胶、油脂化工	粪臭
吲哚类	粪便、生活污水、炼焦、肉类腐烂、屠宰牲畜	刺激臭
硝基化合物	染料、炸药	刺激臭
烃类	炼油、炼焦、石油化工、电石、化肥、内燃机排气、涂料、油墨、印刷	刺激臭

续表

恶臭气体类别	主要来源	恶臭味性质
醛类	炼油、石油化工、医药、内燃机排气、垃圾、铸造	刺激臭
脂肪酸类	石油化工、油脂加工、皮革制造、合成洗涤剂、酿造、制药、粪便	刺激臭
醇类	石油化工、油脂加工、皮革制造、肥皂、合成材料、酿造、林产加工	刺激臭
酚类	溶剂、涂料、油脂加工、石油化工、合成材料、照相软片	刺激臭
酯类	合成纤维、合成树脂、涂料、黏合剂	香水臭、刺激臭
含卤素有机物	合成树脂、合成橡胶、溶剂灭火器材、制冷剂	刺激臭

1.3 有机废气和恶臭气体的法规政策

1.3.1 有机废气的相关法规政策

在国际上，美国、日本、欧盟等很早就认识到 VOCs 污染将会给环境空气质量、人类身体健康等带来严重的威胁。因此在早期就制定和实施了一系列 VOCs 污染控制的法规政策。

国外与 VOCs 相关的法规政策见表 1.6。

表 1.6 国外与 VOCs 相关的法规政策

地区	法规政策
美国	《清洁空气法》(Clean Air Act,CAA)及其修订案(CAAA)列出的 189 种禁止或限制排放的有毒有害物质中 70%为 VOCs,包括了甲醇、甲乙酮、甲苯等
	CAA 授权制定的《新污染源排放标准》(New Source Performance Standards,NSPS)定义了限值和对特定排放单元的检测方法及 VOCs 排放限值等
	美国环保署(Environmental Protection Agency,EPA)制定的《国家有害大气污染物排放标准》(National Emission Standards for Hazardous Air Pollutants,NESHAPs),公布了一批包括 VOCs 污染源的排放有毒空气污染物源类别清单,并将 CAAA 列出的危险空气污染物按不同污染源制定了国家排放标准
	根据 CAA 的要求,美国环保署对消费和商业品中产生的 VOCs 排放进行管理而制定了《控制技术指南》(Control Technique Guide,CTG),其中对船舶制造、家具、大型家电涂装等均提出了具体排放限制要求及控制措施

续表

地区	法规政策
日本	2004 年修订的《大气污染防治法》中，提出以法律规范和企业自主相结合的方式进行 VOCs 减排，并增加了 VOCs 排放规范，对涂装、包装印刷、石化储存等 6 类重点固定污染源的 9 种排污设施提出 VOCs 控制要求，将固定源 VOCs 纳入总量控制范围
	2006 年修订的《大气污染防治法》中，增加了对化学品制造、涂装、工业清洗、黏结、印刷、VOCs 物质储存 6 类重点源实施 VOCs 排放控制，要求 VOCs 排放设施单位进行申报、达标排放和监测记录
欧盟	《有机溶剂使用指令》(1999/13/EC)规定了 20 种有机溶剂使用装置和活动的 VOCs 排放限值，包括有组织排放限值(废气中的 VOCs)。根据 VOCs 环境归宿不同，建立了一套基于物质平衡的 VOCs 排放总量控制方法，提出逸散度、单位产品排放量等指标
	《涂料指令》(2004/42/EC)从产品源头规定建筑涂料、汽车涂料中的 VOCs 含量。要求建筑与市政工程、消费类产品等活动必须采取与工业排放不同的 VOCs 控制路线，并要求汽车涂装等工业涂料规定 VOCs 含量限值
	《综合污染预防与控制指令》(1996/61/EC、2008/1/EC)中涉及 VOCs 排放的主要行业包括石油精炼、大宗有机化学品、有机精细化工、储存设施、涂装、皮革加工等，当中规定了污染排放限值以及一些等效的技术参数或工艺措施
	《国家排放限值指令》(National Emission Confine Directive，NECD)(2016/2284/EC)针对五类污染物进行管控，非甲烷挥发性有机物为其中之一，欧盟理事会要求各成员国以 2005 年排放量为基数，规定减排百分比，严格管控

2010 年，我国首次从国家层面提出了开展 VOCs 的污染防治，并将 VOCs 作为重点的防控污染物。此后有关 VOCs 的法规政策和排放标准不断完善，加强了我国对 VOCs 污染的管控。

2016 年 11 月国务院印发的《“十三五”生态环境保护规划》(国发〔2016〕65 号）中对挥发性有机物减排的目标、方法、途径等内容给出了明确的方向和要求。控制重点地区重点行业挥发性有机物排放，全国排放总量下降 10%以上。要求显著削减京津冀及周边地区颗粒物浓度，明显降低长江三角洲区域细颗粒物浓度，大力推动珠江三角洲区域率先实现大气环境质量基本达标。全面加强石化、有机化工、表面涂装、包装印刷等重点行业挥发性有机物控制。

为实现到 2020 年建立健全 VOCs 污染防治管理体系，完成“十三五”规划确定的 VOCs 排放量下降 10%的目标任务，生态环境部在 2019 年 6 月印发了《重点行业挥发性有机物综合治理方案》，其中规定了治理的重点区域范围、重点控制的 VOCs 物质（O_3 前体物、$PM_{2.5}$ 前体物、恶臭物质、高毒害物质）等，见表 1.7 和表 1.8。

表 1.7 我国与 VOCs 相关的法规政策

时间	发布机关	法规政策	内容
2010 年 5 月	国务院	《关于推进大气污染联防联控工作改善区域空气质量的指导意见》的通知(国办发〔2010〕33 号)	要求对挥发性有机物污染进行防治工作
2011 年 12 月	国务院	《国家环境保护"十二五"规划》(国发〔2011〕42 号)	要求加强挥发性有机污染物和有毒废气监测，完善重点行业污染物排放标准
2012 年 10 月	环境保护部	《重点区域大气污染防治"十二五"规划》(环发〔2012〕130 号)	要求开展重点行业治理，完善挥发性有机污染物防治体系
2013 年 5 月	环境保护部	《挥发性有机物(VOCs)污染防治技术政策》(公告 2013 年第 31 号)	提出了生产 VOCs 物料和含 VOCs 产品的生产、储存、运输、销售、使用、消费各环节防治策略和方法
2013 年 9 月	国务院	《大气污染防治行动计划》(国发〔2013〕37 号)	明确要求推进 VOCs 污染治理，在石化、有机化工、表面涂装、包装印刷等行业实施 VOCs 综合治理
2014 年 12 月	环境保护部	《石化行业挥发性有机物综合整治方案》(环发〔2014〕177 号)	要求全面开展石化行业 VOCs 综合整治，大幅度减少石化行业 VOCs 排放，促进改善空气质量
2015 年 6 月	财政部	《挥发性有机物排污收费试点办法》(财税〔2015〕71 号)	在石油化工行业和包装印刷行业试点 VOCs 排污费的征收工作
2015 年 8 月	人大常委会	《大气污染防治法》修订版	首次将 VOCs 纳入监管范围，提出推进区域大气污染联合防治，对 VOCs 等大气污染物和温室气体实施协同控制
2017 年 9 月	环境保护部	关于印发《"十三五"挥发性有机物污染防治工作方案》的通知(环大气〔2017〕121 号)	要求推进 VOCs 与 NO_x 协同减排，强化新增污染物排放控制，实施固定污染源排污许可，全面加强基础能力建设和政策支持保障，建立 VOCs 污染防治长效机制，促进环境空气质量持续改善和产业绿色发展

续表

时间	发布机关	法规政策	内容
2018年7月	国务院	《打赢蓝天保卫战三年行动计划》(国发〔2018〕22号)	要求实施VOCs专项整治方案,完善相关法律法规标准体系,开展VOCs监测,加强VOCs污染治理的环境执法等
2019年6月	生态环境部	关于印发《重点行业挥发性有机物综合治理方案》的通知(环大气〔2019〕53号)	要求到2020年建立健全VOCs污染防治管理体系,重点区域、重点行业VOCs治理取得明显成效,完成“十三五”规划确定的VOCs排放量下降10%的目标任务

表1.8 我国与VOCs相关的国家排放标准

序号	标准号	标准名称
1	GB 14554—93	恶臭污染物排放标准
2	GB 16297—1996	大气污染物综合排放标准
3	GB 9078—1996	工业炉窑大气污染物排放标准
4	GB 18483—2001	饮食业油烟排放标准
5	GB 21902—2008	合成革与人造革工业污染物排放标准
6	GB 25465—2010	铝工业污染物排放标准
7	GB 27632—2011	橡胶制品工业污染物排放标准
8	GB 16171—2012	炼焦化学工业污染物排放标准
9	GB 28665—2012	轧钢工业大气污染物排放标准
10	GB 30484—2013	电池工业污染物排放标准
11	GB 31570—2015	石油炼制工业污染物排放标准
12	GB 31571—2015	石油化学工业污染物排放标准
13	GB 31572—2015	合成树脂工业污染物排放标准
14	GB 15581—2016	烧碱、聚氯乙烯工业污染物排放标准
15	GB 37822—2019	挥发性有机物无组织排放控制标准
16	GB 37823—2019	制药工业大气污染物排放标准
17	GB 37824—2019	涂料、油墨及胶粘剂工业大气污染物排放标准
18	GB 20950—2020	储油库大气污染物排放标准
19	GB 20951—2020	油品运输污染物排放标准
20	GB 20952—2020	加油站大气污染物排放标准

在国家排放标准的基础上，全国各省市相继发布了各种行业的 VOCs 排放标准。北京、上海、广东地区的部分 VOCs 排放标准见表 1.9。

表 1.9 北京、上海、广东地区的部分 VOCs 排放标准

地区	标准名称	标准号
北京	印刷业挥发性有机物排放标准	DB11/1201—2015
	炼油与石油化学工业大气污染物排放标准	DB11/447—2015
	木质家具制造业大气污染物排放标准	DB11/1202—2015
	工业涂装工序大气污染物排放标准	DB11/1226—2015
	汽车整车制造业(涂装工序)大气污染物排放标准	DB11/1227—2015
	大气污染物综合排放标准	DB11/501—2017
	餐饮业大气污染物排放标准	DB11/1488—2018
上海	印刷业大气污染物排放标准	DB31/872—2015
	大气污染物综合排放标准	DB31/933—2015
	船舶工业大气污染物排放标准	DB31/934—2015
	恶臭(异味)污染物排放标准	DB31/1025—2016
	家具制造业大气污染物排放标准	DB31/1059—2017
广东	家具制造行业挥发性有机化合物排放标准	DB44/814—2010
	印刷行业挥发性有机化合物排放标准	DB44/815—2010
	表面涂装(汽车制造业)挥发性有机化合物排放标准	DB44/816—2010
	制鞋行业挥发性有机化合物排放标准	DB44/817—2010
	集装箱制造业挥发性有机物排放标准	DB44/1837—2016

1.3.2 恶臭气体相关的法规政策

日本于 1972 年颁布的《恶臭防治法》是世界上首次针对恶臭气体污染问题而制定的相关法规，其针对特定企业的特定恶臭污染物的排放进行了限制。美国则将恶臭污染当作是区域性环境问题，并未制定统一的标准和法律法规，而是因地制宜根据各州实际情况制定相应的管理办法。荷兰于 1984 年颁布针对工业源恶臭定量化《空气质量大纲》。1990 年英国颁布《环境保

护法案》，并于 2003 年颁布《H4-恶臭管理导则》、《综合污染防治》和《恶臭标准指导》，为恶臭污染的评价提供了依据。

我国于 1993 年颁布《恶臭污染物排放标准》（GB 14554—93），其中包括氨、三甲胺、硫化氢、甲硫醇、甲硫醚、二甲二硫、二硫化碳、苯乙烯 8 种常见典型污染物。为填补我国恶臭气体管控标准的空白，各地方也相继颁布了与恶臭污染物相关的排放标准，见表 1.10。

表 1.10　恶臭污染物相关的地方排放标准

地区	标准号	标准名称
河北	DB13/2208—2015	青霉素类制药挥发性有机物和恶臭特征污染物排放标准
上海	DB31/1025—2016	恶臭(异味)污染物排放标准
天津	DB12/059—2018	恶臭污染物排放标准
山东	DB37/3161—2018	有机化工企业污水处理厂(站)挥发性有机物及恶臭污染物排放标准

1.4　有机废气和恶臭气体的处理方法

有机废气处理技术主要可分为两大类，包括源头过程控制技术和末端治理技术。

① 工业源排放 VOCs 具有污染面广且分散、排放强度大、浓度波动和组分复杂的特点，且企业受经济技术水平和资源环境限制，目前末端治理技术仍然不可替代。

② 末端治理技术又可分为可回收技术和销毁技术两大类。可回收技术是通过改变系统温度、压力或使用选择吸收剂、吸附剂和选择性膜分离技术使有机污染物从废气中分离并集中处理的技术；销毁技术是通过生化或化学反应，利用热、光、催化剂或微生物将废气中的有机污染物转化为水、二氧化碳等无毒小分子物质的技术。

有机废气末端处理技术见图 1.1。

恶臭废气的组成成分复杂，包括有机污染物和无机污染物，因此对于其的处理难度较大。目前恶臭废气的处理方法包括冷凝法、吸收法、吸附法、燃烧法、生物处理法、光催化法、低温等离子体法、臭氧氧化法。

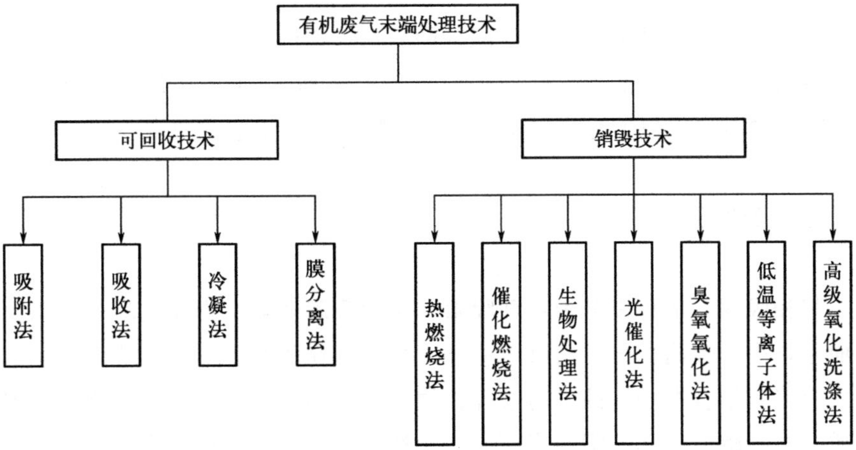

图 1.1　有机废气末端处理技术

1.4.1　吸收法

吸收法是采用相似相溶原理，使用液体作为吸收剂，溶解 VOCs，从而达到净化有机废气的目的。吸收过程可分为物理吸收和化学吸收，但用于处理 VOCs 的吸收多为物理吸收，即采用合适的吸收剂，将气相中的 VOCs 转移到液相中，而后对吸收剂中的 VOCs 进行解吸处理，对其中所需的有机物进行回收，最后还需对吸收液进行再生处理。

在运用吸收剂处理有机废气时，性能优良的吸收剂会对最终治理效果起到决定性的作用，吸收剂的选择需要考虑到以下几个因素：

① 吸收剂对吸收组分的溶解度要大，以便减少吸收剂的用量，节约操作成本；

② 吸收剂本身挥发性要小，以防止二次污染的产生；

③ 吸收剂的黏度要低，以避免在吸收过程中发生液泛现象，影响吸收效果；

④ 吸收剂还要具备无毒无害、价格低廉等优点。

吸收剂包括水、有机溶剂、表面活性剂、微乳液、离子液体。

目前采用吸收法处理废气时所使用的设备大多是吸收塔，根据吸收塔内构件不同可分为板式吸收塔和填料吸收塔两种。其中板式吸收塔中气相为分散相而液相为连续相，填料吸收塔中气相为连续相而液相为分散相。在处理有机废气和恶臭气体的过程中，因其中的污染物浓度不高但风量较大，通常会选择液相为分散相而气相为连续相、相界面大的填料塔，在吸收处理VOCs的同时还可以消除废气中的粉尘和颗粒物，工业化应用广泛。

1.4.2 吸附法

气相吸附一般可以分为物理吸附和化学吸附两类。物理吸附是利用固体表面上，由于吸附质分子与吸附剂分子之间存在的范德华力，从而产生的作用力会将其结合在一起的吸附过程，物理吸附通常是可逆过程。化学吸附的本质是被吸附分子和吸附剂表面通过化学反应形成化学键，化学吸附选择性强且通常不可逆。涉及臭味及有机废气处理的吸附法为可逆的物理吸附。吸附过程是一个浓缩过程，气态污染物通过吸附作用被浓缩到吸附剂表面后再进行后续的其他处理，其适用于低浓度气态污染物的净化，对于高浓度有机气体而言还需进行冷凝等工艺后再进行吸附净化。

吸附法最为重要的部分是吸附剂，因此对于吸附剂材料的选择是相当重要的，要求包括：

① 多孔结构，具有较大的比表面积和发达的孔径结构；

② 较好的选择性；

③ 制造方便，容易再生；

④ 良好的机械强度等。

常用的吸附剂包括活性炭、分子筛、疏水硅胶以及高分子吸附剂。

吸附设备也是吸附法处理VOCs的关键，根据吸附设备的不同可分为固定床吸附装置、移动床吸附装置、流化床吸附装置以及浓缩轮状装置。

1.4.3 冷凝法

冷凝法的原理是利用气态污染物在不同的温度和压力下具有不同饱和蒸气压的特点，通过降低温度和增加压力，从而使某些有机物凝结出来，达到废气中VOCs净化与回收的目的。冷凝装置的冷凝温度一般按预冷、机械制冷、液氮制冷等步骤实现。当废气进入冷凝装置温度降到4℃左右，大部分水汽凝结为水而去除，机械制冷可使大部分VOCs冷凝为液体回收，若需要更低的冷凝温度，可以在机械制冷后联用液氮制冷，这样可使 VOCs 回收率达到 99%左右。冷凝法适用于回收高浓度、中流量的 VOCs，对于低浓度 VOCs 而言，则需要先浓缩后再进行冷凝回收。冷凝法适用范围不广且对于低浓度废气的净化效果不高，经冷凝处理后的尾气中仍有一定量有机物的存在，还需对冷凝尾气进行二次处理，从而导致费用增加。因此，目前通常不单独使用冷凝法处理有机废气及恶臭气体，而是将其作为一个处理单元与其他技术联用，如冷凝-催化燃烧技术。

1.4.4 热燃烧法

热燃烧法是指在一定的条件下将有机废气完全氧化为 CO_2 和 H_2O 的过程。与直接燃烧不同，热燃烧法是指借助辅助燃料产生的热量使废气中的 VOCs 转化为 H_2O、CO_2 等无害物质的过程。热燃烧法的温度在 760～820℃，便可使大部分与燃料混合的物质在 0.1～0.3s 内完全反应，而直接燃烧则需要达到 1000℃以上。但由于热燃烧法所需的温度仍然过高，从而导致处理成本增加，因此便在其基础上增加了蓄热体发展为蓄热式热力燃烧（regenerative thermal oxidation，RTO）技术。

1.4.5 催化燃烧法

催化燃烧法是利用催化剂来降低反应的活化能，利用催化剂使废气中的 VOCs 在较低起燃温度（<500℃）进行无火焰起燃，生成二氧化碳和水。在催化燃烧法当中对 VOCs 处理起到决定性作用的是催化剂。VOCs 催化燃烧法中的催化剂一般由活性组分和载体组成。其中活性组分主要有贵金属、过渡金属氧化物两大类。在催化燃烧处理 VOCs 的过程中为改善催化剂的性能，通常会将催化剂负载在高比表面积的多孔颗粒型载体之上，以此来增加催化剂活性组分与反应物分子的接触面积，常用的催化剂载体包括活性炭、分子筛、Al_2O_3、SiO_2 及 TiO_2 等，见表 1.11。

有机废气和恶臭气体的催化燃烧净化装置类型按热量是否回收，以及热量回收的方式来区分包括：

① 无热量回收的催化氧化器（catalytic oxidizer），也称催化焚烧炉；

② 带间壁式换热器的催化氧化器（recuperative catalytic oxidizers，COs）；

③ 蓄热式催化氧化器（regenerative catalytic oxidizers，RCOs）。

表 1.11 VOCs 催化燃烧催化剂概括

<table>
<tr><th colspan="4">催化剂</th><th>特点</th></tr>
<tr><td rowspan="3">贵金属催化剂</td><td>Pt 催化剂</td><td colspan="2">Pt 催化剂对苯、甲苯具有较高的催化燃烧活性，在处理含氯 VOCs 时有 CO_2 选择性，但难以催化氧化乙酸乙酯，易受 CO 中毒的影响</td><td rowspan="3">贵金属催化剂有着起燃温度低、催化活性高等优势，但在实际应用中，贵金属催化剂仍存在易受 S、P、Cl 等元素中毒的问题，并且原材料稀缺、价格昂贵，无法满足工业上对有机废气及恶臭气体低成本处理的需求</td></tr>
<tr><td>Pd 催化剂</td><td colspan="2">与 Pt 催化剂相比，Pd 催化剂有更优异的水热稳定性，在一定条件下催化活性比 Pt、Au 催化剂更高</td></tr>
<tr><td>Au 催化剂</td><td colspan="2">相比于 Pd、Pt，Au 与吸附物之间的作用力更为适中，在某些条件下能获得远优于 Pt、Pd 催化剂的效果</td></tr>
<tr><td rowspan="3">非贵金属催化剂</td><td>单一金属氧化物</td><td colspan="2">单一金属氧化物对 VOCs 氧化具有一定的降解效果但其效果一般低于复合金属氧化物，这是由于复合金属氧化物的各个组分会形成一定的协同作用</td><td rowspan="3">非贵金属氧化物催化剂主要是指过渡金属氧化物（一般选用元素周期表ⅢB 到ⅡB 族的过渡金属元素作为活性物种，活性物种可以为一种或多种），如 V、W、Cu、Mn、Fe 等元素的氧化物。与贵金属相比，非贵金属型催化剂成本低，对 VOCs 也具有一定的催化活性，且与贵金属比较不易因中毒而失活</td></tr>
<tr><td rowspan="2">复合金属氧化物</td><td>钙钛矿型（ABO_3）</td><td>此类氧化物以最早发现的 $CaTiO_3$ 来命名，可有效地催化氧化烃类化合物及含氧有机物，A 一般代表 La 等稀土元素，B 一般代表过渡金属元素，通常认为，具有可变价态的 B 位离子决定了材料的氧化还原性</td></tr>
<tr><td>尖晶石型（AB_2O_4）</td><td>此类氧化物最早是指复合氧化物 $MgAl_2O_4$。其中，A 一般为二价金属阳离子，B 为三价金属阳离子。目前研究发现多种用于 VOCs 催化燃烧的尖晶石型复合氧化物（如 Co、Ni、Cu、Cr、Mn 等复合氧化物），具有显著的催化效果</td></tr>
</table>

若从反应器类型来区分，催化燃烧净化装置可分为固定床催化氧化器、流化床催化氧化器及旋转式催化氧化器等。RCOs和COs在较低反应温度下的活性较高且选择性较好，从而被广泛应用于工业废气的控制。RCOs在20世纪90年代由Boreskov和Matros率先提出，其结合了催化氧化技术和蓄热系统的优点，能够在较低的操作温度下获得较高的VOCs废气处理效率，并且所耗费燃料较少，生成的具有危害的副产物也较少。RCOs与上述的RTO十分相似，包括陶瓷蓄热床、燃烧室及阀门系统，只是RCOs的蓄热床层上比RTO多出了一个催化床层，其中的催化剂可有效降低反应温度并提高VOCs的整体氧化效率。与RCOs相比，COs因采用管板式换热器来代替陶瓷蓄热床而在节省空间上具有较大优势，但COs的换热器结构较为简单，其热回收效率一般在70%以下，因此COs不适用于工业上大规模处理大风量且VOCs浓度较低的废气。

1.4.6 生物处理法

生物法净化有机废气及恶臭气体的原理是利用附着在填料介质上的活性微生物在适宜的环境条件下，将废气中的污染物质作为碳源或能源，维持其自身生命活动的同时使污染物转化为二氧化碳、水及微生物自身蛋白质的过程。对于生物法净化处理有机废气和恶臭气体的机理，目前世界上公认影响较大的是荷兰学者Ottengraf依据气体吸收双膜理论而提出的“吸收-生物膜理论”：

① 废气中的有机污染物首先同水接触并溶解于水中（即由气膜扩散进入液膜）；

② 溶解于液膜中的有机污染成分在浓度差的推动下进一步扩散到生物膜，进而被其中的微生物捕获并吸收；

③ 进入生物体内的有机污染物在其自身的代谢过程中被作为能源和营养物质被分解，经生物化学反应最终转化为水、二氧化碳等无害的化合物。

由以上机理可知，生物法的净化效率取决于气液间的传递效率和微生物的降解能力，即生物法适用于生物降解性能好的污染物，见表1.12。

根据系统的运转情况和微生物的存在形式，可将生物处理工艺分为悬浮生长系统和附着生长系统，并根据处理工艺将生物法主要分为生物滴滤法、生物过滤法和生物洗涤法三类。

表 1.12　部分有机化合物的生物降解难易程度

化合物		被生物降解的难易程度
芳香族化合物	甲苯 二甲苯	极易
	苯 苯乙烯	容易
含氧化合物	醇类 乙酸类 酮类	极易
	酚类	容易
	醚类	中等
含氮化合物	胺类 铵盐类	极易
脂肪族化合物	正己烷	极易
	甲烷 正戊烷 环己烷	容易
含硫化合物	硫醇 二硫化碳 硫氰酸盐	容易
含氯化合物	氯酚 二氯甲烷 三氯甲烷 四氯乙烯 三氯苯	中等
	二氯乙烯 三氯乙烯 醛类	较难

1.4.7 膜分离法

膜分离法是一种高效的分离方法，其过程原理是以具有选择性的膜作为分离介质，在膜的两侧施加某种驱动力（如化学位差），利用不同气体分子通过膜的扩散溶解能力的不同，使混合气中的组分选择性地透过膜，从而达到分离混合物的目的。常用的处理废气中VOCs的膜分离工艺包括蒸汽渗透、气体膜分离以及膜接触器。

1.4.8 光催化法

1972年，日本东京大学的Fujishima首次发现受光辐射的TiO_2表面会发生持续的氧化还原反应，此后以TiO_2为代表的半导体光催化反应成为催化技术的一个研究热点。1976年，研究发现TiO_2能够光催化降解联苯和氯代联苯，这标志着半导体光催化技术首次进入环境保护领域，此后研究发现纳米TiO_2光催化材料可有效降解多种大气污染物质。半导体光催化材料（如TiO_2）具有特殊的电子结构。与金属相比，半导体的能带是不连续的，在填满电子的低能价带和孔的高能导带之间存在一个禁带，当半导体材料受到能量大于带隙能量的光照射时，价带上的电子会被激发到导带上，在导带上生成高活性电子（e^-），价带上生成带正电荷的空穴（h^+），从而半导体表面生成具有高活性的电子-空穴对。生成的空穴可以与吸附在半导体表面的·OH^-或H_2O反应生成具有强氧化性的·OH，生成的电子可以与O_2反应生成H_2O_2或O_2^-·等活性自由基。这些活性自由基可以与半导体催化剂表面的VOCs发生氧化还原反应使其最终降解为CO_2、H_2O等无害物质。

1.4.9 臭氧氧化法

臭氧（O_3）是氧气（O_2）的一种同素异形体，具有很强的氧化能力，其氧化性仅次于O、F等少数元素。在理想反应条件下，O_3分解产生的高反应活性的粒子可破坏有机物中的分子键，从而达到降解污染物的目的。但单一使用臭氧氧化来降解污染物所需要的臭氧浓度较高，并且降解效率较低，对部分有机物的降解效果不明显，因此臭氧氧化常与催化氧化相结合。臭氧催化氧化以金属、金属氧化物、金属盐为催化剂，利用臭氧的氧化性和亲电子性，将催化剂和臭氧相结合，目的在于促进臭氧的氧化反应，实现气体污染物的低温催化燃烧。制备臭氧的方法包括电解法、光化学法和介质阻挡法等，见表1.13。臭氧催化氧化降解有机废气的反应过程主要包括臭氧分解和有机物氧化两部分。

表 1.13 制备臭氧方法的原理与特点

制备臭氧的方法	原理	特点
电解法	利用直流电源电解富氧电解质得到臭氧	早期电解质多选用酸、盐类电解液，但直流电机接触面积有限，以致此法得到的臭氧产量较低，而投入成本较高。但随着对电解电极材料、电解过程、电解液选择的研究日益完善，电解法制备臭氧也得到了极大的改善
光化学法	通过紫外光照射氧气，使得氧气分子分解为氧原子，氧原子与氧气分子进一步合成为臭氧	此法具有产生的臭氧浓度较低、能耗较高的缺点，不适合大规模工业化生产
介质阻挡法	在两电极间施以高压交流电压(5000～30000V)，由于介电体的阻碍，高压放电的电流很小，只在介电体表面的凸点处发生局部放电，形成脉冲电子流(由于不形成电弧，故称为无声放电)，激活氧气使之生成臭氧	此法与其他方法相比能耗低且产量大，且原料除了可以使用氧气、富氧气体，还可使用普通的干燥空气，因此十分有利于大规模工业生产

目前，已有各种类型的催化剂（Co、Mn、Zn、Cu、Ag 等）协同臭氧催化氧化甲苯、苯、甲醛、丙酮等 VOCs，效果显著，形成了低温催化氧化法。

1.4.10 低温等离子体法

低温等离子体是通过施加足够强的电场以保证中性气体的放电而产生的，其创造了一个包含中子、离子、自由基、电子以及紫外线光子的准中性环境。根据放电方式的不同，低温等离子体的产生技术又可分为介质阻挡放电（dielectric barrier discharge，DBD)、电晕放电（corona discharge)、滑动弧放电（gilding arc discharge)、辉光放电（glow discharge）和射频放电（radio frequency discharge）等，其中目前在气体污染物控制领域应用最为广泛的就是介质阻挡放电和电晕放电。

无论是何种产生方式，低温等离子体对 VOCs 分子的作用机理大体相似。低温等离子体技术所产生的紫外线光子、自由基、电子等高能粒子能够将有机废气及恶臭气体中 VOCs 的结构破坏，使其最终分解为 CO_2 和 H_2O 及其他小分子化合物，从而达到处理净化 VOCs 的目的。

1.4.11 高级氧化洗涤法

高级氧化法（advanced oxidation processes，AOPs）是利用复合氧化剂、光照、电或催化剂等作用，诱发产生多种具有强氧化性的活性物质（·OH、HO_2·、过氧离子等），尤其是·OH可无选择地与有机污染物反应，从而将其彻底氧化成 CO_2、H_2O 或矿物盐的一种方法。以上所叙述的光化学氧化、臭氧氧化、低温等离子体氧化技术均属于AOPs的范畴。

湿式洗涤法与高级氧化技术结合而形成的高级氧化洗涤法为去除废气中的VOCs开拓了相当好的前景，其中包含了物理过程和化学过程。湿式洗涤是一个将气相中的VOCs吸收至溶液中的物理过程，AOPs则是在溶液中产生高活性物质（·OH、·Cl等）的化学过程。一般的氧化洗涤法是将废气中水溶性较高的VOCs传输至液相中，配合化学氧化将其中的污染物分解为 CO_2、H_2O 及无机盐等无害物质。但为维持此方法的处理效率而所需的用水量相当大，且一般的氧化剂受限于反应速率太慢，以及可能会在废水中产生危害性较高的残留物。高级氧化洗涤法则是在一般氧化洗涤法的基础上利用通过各种方式产生的含有·OH等强氧化活性物质的氧化剂，对有机废气及恶臭气体中的污染物进行氧化洗涤，此法所需的用水量及所产生的废水量大大减少，氧化能力及效率显著提升，并且无生成有害残留物的问题。目前，用于处理有机废气和恶臭气体中VOCs的高级氧化洗涤法尚处于起步阶段，研究包括了Fenton试剂喷淋氧化洗涤法、O_3/H_2O_2 氧化洗涤法等。

1.4.12 多相催化氧化法

近年来在水处理领域中，在高级氧化法的基础上，发展出多相催化氧化技术。此技术的核心在于利用固相催化剂的催化作用使氧化剂分解产生具有强氧化性的羟基自由基（·OH），从而使水中污染物的氧化降解更迅速和彻底。并且，与以往的均相催化剂相比，固相催化剂更易进行回收，适用于进行连续性操作。氧化剂和固相催化剂是多相催化氧化技术中最关键的两个因素。其中氧化剂通常采用直接投加的方式添加到体系中，使用的氧化剂多为 O_3 和 H_2O_2。固相催化剂则主要包括载体和活性组分。载体需要满足比表面积大、机械强度高、热稳定性高、价格低廉等特点，常见的材料有活性炭、Al_2O_3 等多孔材料及 MnO_2、TiO_2 等金属氧化物。活性组分主要包括贵金属、过渡金属及其氧化物（Fe基、Ce基、Mn基、Cu基、复合金属）、碱土金属及其氧化物（Mg基、Ca基）、活性炭等非金属物质。其中，贵金属因价格昂贵且容易造成二次污染而很少在工业上进行使用；过渡金属及其氧化物因良好的催化性能而被广泛使用，但存在使用过程中活性组分溶解而造成催化性能下降等问题；碱土金属及其氧化物可在反应中提高体系pH值而更有利于·OH的生成，但Ca、Mg催化剂的存在会显著影响水体硬度；炭材料不仅本身具有很强的吸附能力，还可有效催化臭氧氧化产生·OH，具有广阔的应用前景。目前，多相催化氧化技术多用于处理难降解有机废水。相关研究表明：

① 采用颗粒再生活性炭催化臭氧氧化处理高色度的印染废水，结果显示体系对有机污染物的降解效率是单独臭氧处理的1.6～2.0倍，此体系通过催化臭氧氧化生成强氧化性·OH可对废水进行快速脱色并提高废水的可生化性。

② 为了使催化体系的作用更大化，相关研究采用活性炭与零价铁结合形成的固相铁碳催化剂与氧化剂结合的形式，从而构成复杂的多相催化氧化体系。采用固相铁碳催化剂促进O_3/H_2O_2体系深度处理渗滤液尾水中难降解有机物，结果发现体系中除了固相铁碳催化剂-O_3的非均相催化氧化、固相铁氧化物-H_2O_2的非均相芬顿反应外，还有包括铁碳微电解反应、O_3-H_2O_2协同作用等，能够显著降低废水COD并有效提高废水的可生化性。

③ 采用一种新型的臭氧曝气与微电解结合的反应器对染料废水进行处理，结果发现在最佳工艺条件下能够达到100%脱色率和82%的TOC（总有机碳）去除率，且相对于单独臭氧氧化或单独微电解而言，臭氧曝气内电解过滤器（OIEF）对废水pH值的要求更低。

在多相催化氧化技术对废气进行降解处理中，采用填充固相催化填料的喷淋塔作为主体结构，使废气中的污染物在塔内氧化剂（O_3、H_2O_2、UV光、水力空化、电解等）及其催化氧化产生的·OH的作用下被氧化降解。废气多相催化氧化技术巧妙地将吸附、吸收、催化氧化、冷凝等方法进行有机结合，在以塔为主体的体系内涵盖了气-气、气-液、气-固、液-液、液-固在内的多相反应。目前，国内外关于多相催化氧化技术的应用情况如下：

① 在处理高浓度有机废气及恶臭废气方面，采用吸附＋二级多相催化氧化工艺处理高浓度石化行业排放出的有机及恶臭废气，结合了O_3、H_2O_2、UV（紫外光）、水力空化在内的多种氧化剂及氧化形式，该工艺体系通过特殊的塔式结构使各种氧化剂在固相催化填料的催化下相互叠加、相

互作用，生成的大量·OH可对废气中的污染物进行无选择性的链式反应，该工艺体系对VOCs、H_2S、NH_3的去除率高达98%、97%和100%，出气口各项污染物浓度均达到排放标准。

② 采用吸附-多相催化氧化联合技术处理石油化工污水所产生的恶臭气体（主要成分包含苯系物、烃类、硫化氢、硫醇、硫醚等），在富含臭氧、双氧水的喷淋液与催化填料的作用下可对废气中的有机污染物进行彻底降解，非甲烷总烃、苯、甲苯和二甲苯的降解率分别可达90%、99%、86%和96%。虽然，多相催化氧化技术在高浓度废气处理方面效果较好且无二次污染的问题，但针对处理其他中低浓度废气的相关研究较少。

1.5 有机废气处理方法的比较与未来发展趋势

以上所叙述的有机废气末端处理方法各有优缺点，单一的处理方法往往不能够实现多范围废气的处理，有很大的局限性，见表1.14。

表1.14 有机废气末端治理方法汇总比较

类型	处理方法	适用范围	优点	缺点
可回收技术	吸收法	适用于特征性污染物且是有组织排放的污染源	工艺成熟、吸收效率高且能耗低	吸收液处理成本高、较易形成二次污染
	吸附法	低浓度、污染物种类少的有机废气和恶臭气体	去除效率高	设备体积大、吸附容量有限、成本高
	冷凝法	处理量小、浓度高的有机废气和恶臭气体	可有效浓缩回收废气	净化效率不高，还需对尾气进行二次净化
	膜分离法	高浓度有机废气和恶臭气体	能耗低、回收效率高	对膜材料的要求高，从而增加处理成本
销毁技术	热燃烧法	高燃烧值、回收价值不高的高浓度有机废气和恶臭气体	净化效果好、处理效率高	投资成本高、所需能耗大、易造成二次污染
	催化燃烧法	中、高浓度有机废气和恶臭气体	能耗较低、处理效率高、无二次污染	催化剂易失活，需要更换催化剂而导致成本增加

续表

类型	处理方法	适用范围	优点	缺点
销毁技术	生物处理法	低浓度、大风量有机废气和恶臭气体	处理费用低、装置简单、无二次污染	降解速率低，微生物专一性强，只能降解易于被生物降解的污染物，对废气的普适性较差
	光催化法	低浓度有机废气和恶臭气体	反应效率高、装置占地面积小、操作简便	高性能催化剂成本高；对于组成成分太复杂的废气，催化剂易失活
	臭氧氧化法	低浓度、大风量有机废气和恶臭气体	运行成本低、处理效率高	单一臭氧氧化存在残余臭氧二次污染问题，臭氧催化氧化则存在催化剂失活问题
	低温等离子体法	中、低浓度有机废气和恶臭气体	能耗低、装置占地面积小、稳定性强	存在爆炸风险；产生许多副产物，无法完全将有机物降解为无害的 CO_2 与 H_2O
	高级氧化洗涤法	含有水溶性较高污染物的有机废气和恶臭气体	处理效率高、能耗低；洗涤液可循环利用；在氧化分解有机污染物的同时还可去除废气中的颗粒物	存在喷淋废水等副产物

对于性质、浓度、成分复杂的有机废气而言，可采用组合治理工艺，不仅能够满足排放要求，同时还可节省投资和运行成本。因此，部分有机废气组合治理工艺如表 1.15 所列。

表 1.15　部分有机废气组合治理工艺概括

组合治理工艺	概括
吸附浓缩-催化燃烧技术	采用蜂窝活性炭、活性碳纤维、疏水性沸石作为吸附剂对废气进行吸附浓缩，再结合催化燃烧技术对有机废气、恶臭气体进行净化处理
吸附浓缩-冷凝回收技术	对于具有回收价值的含低浓度 VOCs 的废气而言，采用热气流对吸附床进行再生，再生后的高温、高浓度废气通过冷凝器将其中有机物冷凝回收，冷凝后的尾气再返回吸附器进行吸附净化

续表

组合治理工艺	概括
吸附浓缩-光催化技术	将低浓度有机废气和恶臭气体吸附到光催化剂表面进行浓缩富集提高 VOCs 浓度，从而充分进行光催化反应，提高降解效率
低温等离子体-光催化技术	将光催化剂装填至低温等离子体反应器中，利用其中的电子能量碰撞将大分子转化为小分子，然后再进行光催化反应。使两者相互促进，协同作用

在未来处理有机废气的科研与实践中，还应积极深入挖掘低温等离子体法、高级氧化洗涤法、多相催化氧化法、低温催化氧化法等新兴有机废气治理技术的潜力，逐步完善它们的稳定性和适应性，为有机废气治理提供全新的思路。

参考文献

[1] 常远．用于流化床吸附工艺的 VOCs 吸附剂的研制 [D]．北京：中国科学院大学，2018.

[2] 曹军骥．中国大气 $PM_{2.5}$ 污染的主要成因与控制对策 [J]．科学导报，2016，34（20）：74-80.

[3] 曹菁洋．生物法净化石化化纤污水场 VOCs 及恶臭气体的研究 [D]．北京：北京工业大学，2016.

[4] 陈定盛，岑超平，方平，等．废机油净化甲苯废气的工艺研究 [J]．环境工程，2008，26（2）：20-22.

[5] 陈焕浩．梯度多孔分子筛膜材料的制备及应用研究 [D]．广州：华南理工大学，2014.

[6] 陈杰．低温等离子体化学及其应用 [M]．北京：科学出版社，2001.

[7] 陈玉莲．活性炭的改性及其对甲苯和丙酮的吸附性能研究 [D]．上海：华东理工大学，2015.

[8] 刁春燕．BDO 新型吸收剂治理有机废气的研究 [D]．福州：福州大学，2004.

[9] 杜长明．低温等离子体净化有机废气技术 [M]．北京：化学工业出版社，2017.

[10] 方美青．O_3 氧化-化学吸收联合处理再生胶恶臭气体的研究及应用 [D]．杭州：浙江工业大学，2010.

[11] 高寒，董艳春，周术元．贵金属催化剂催化燃烧挥发性有机物（VOCs）的研究进展 [J]．环境工程，2019，37（3）：136-141.

[12] 龚芳．我国人为源 VOCs 排放清单及行业排放特征分析 [D]．西安：西安建筑科技大学，2013.

[13] 郭阳，王伟，李明刚．VOCs 治理新技术——旋转式 RTO［J］．涂层与保护，2019，40（7）：40-45.

[14] 郭逸飞，宋云，孙晓峰，等．国外 VOCs 污染防治政策体系借鉴［J］．环境保护，2012（13）：75-77.

[15] 郭振铎，杨秀芹，李瑞红．便携式恶臭气体检测仪的设计［J］．自动化与仪表，2017，32（4）：32-35.

[16] 郝吉明，李欢欢，沈海滨．中国大气污染防治进程与展望［J］．世界环境，2014（01）：58-61.

[17] 郝郑平．我国挥发性有机污染物减排控制战略与路线思考［J］．环境保护，2013，41（19）：29-31.

[18] 郝郑平，程代云，何鹰．臭氧-催化技术治理低浓度气体污染物［J］．环境污染与防治，2001，23（1）：24-26.

[19] 洪紫萍．挥发性有机化合物的污染与防治［J］．环境污染与防治，1994，16（4）：24-26.

[20] 胡冠九．环境空气中异味物质的检测、评价与溯源［J］．中国环境监测，2019，35（4）：11-19.

[21] 胡名操．环境保护实用数据手册［M］．北京：机械工业出版社，1990.

[22] 户英杰，王志强，程星星，等．燃烧处理挥发性有机污染物的研究进展［J］．化工进展，2018，37（1）：319-329.

[23] 黄维秋，石莉，胡志伦，等．冷凝和吸附集成技术回收有机废气［J］．化学工程，2012，40（6）：13-17.

[24] 姜春泮．电解制备高铁酸盐在线去除恶臭气体［D］．哈尔滨：哈尔滨工业大学，2015.

[25] 李国文，樊青娟，刘强，等．挥发性有机废气（VOCs）的污染控制技术［J］．西安建筑科技大学学报（自然科学版），1998，30（4）：399-402.

[26] 李华琴，何觉聪，陈洲洋，等．低温等离子体-生物法处理硫化氢气体研究［J］．环境科学，2014，35（4）：1256-1262.

[27] 李慧青，邹吉军，刘昌俊，等．等离子体法制氢的研究进展［J］．化学进展，2005，17（1）：69-77.

[28] 李娟娟，张梦，蔡松财，等．光热催化氧化 VOCs 的研究进展［J］．环境工程，2020，389（1）：13-20.

[29] 李龙．恶臭在线监测系统的集成设计及关键技术研究［D］．天津：天津大学，2016.

[30] 李莉娜，尤洋，赵银慧，等．我国大气中挥发性有机物监测与控制现状分析［J］．环境保护，2017，45（13）：26-29.

[31] 李莉娜，赵长民，潘本锋，等．我国大气光化学烟雾污染现状与监测网络构建建议［J］．中国环境监测，2018，34（5）：81-87.

[32] 李倩，易红宏，唐晓龙，等．低温等离子体协同催化处理 VOCs 的研究进展［J］．环境与发展，2019，3：92-93.

[33] 李晓东 . 滑动弧放电等离子体重整燃烧制氢实验 [D] . 杭州：浙江大学，2011.

[34] 李雅君 . 锰基 VOCs 催化燃烧催化剂改性及其性能研究 [D] . 杭州：浙江大学，2016.

[35] 李一倬 . 低温等离子体耦合催化去除挥发性有机物的研究 [D] . 上海：上海交通大学，2014.

[36] 李远啸，郭斌，刘倩，等 . 生物洗涤法处理含苯废气 [J] . 化工环保，2019，39 (6)：646-652.

[37] 李振玉，孙亚兵，冯景伟，等 . 低温等离子体技术降解含氮硫废气的研究进展 [J] . 电力科技与环保，2010，26 (1)：58-62.

[38] 连少娟，连少春，连少云，等 . 硫化氢脱除技术发展现状及趋势 [J] . 河南化工，2013，27 (3)：37-38.

[39] 林东杰 .PDMS 膜分离气体混合物的传质机理及模型化 [D] . 北京：北京化工大学，2012.

[40] 刘建伟，马文林，王志良 . 废气生物处理微生物学研究进展 [J] . 环境科学与技术，2012，35 (8)：74-80.

[41] 吕丽，王东辉，史喜成，等 . 臭氧催化氧化 VOCs 和 CO 研究进展 [J] . 环境工程，2011，29：162-164.

[42] 吕鲲，张庆竹 . 纳米二氧化钛光催化技术与大气污染治理 [J] . 中国环境科学，2018，38 (3)：852-861.

[43] 吕一军 . 滑动弧放电等离子体转化醇醚燃料制氢 [D] . 天津：天津大学，2012.

[44] 陆震维 . 有机废气的净化技术 [M] . 北京：化学工业出版社，2011.

[45] 栾志强，郝郑平，王喜芹 . 工业固定源 VOCs 治理技术分析评估 [J] . 环境科学，2011，32 (12)：3476-3486.

[46] 马广大，郝吉明 . 大气污染控制工程 [M] . 北京：高等教育出版社，2002.

[47] 潘孝庆，丁红蕾，潘卫国，等 . 低温等离子体及协同催化降解 VOCs 研究进展 [J] . 应用化工，2017，46 (1)：176-179.

[48] 彭清涛 . 恶臭污染及其治理技术 [J] . 现代科学仪器，2000 (05)：44-46.

[49] 彭胜攀 . 功能性介孔二氧化硅制备及其吸附低浓度恶臭气体性能的研究 [D] . 北京：中国科学院大学，2019.

[50] 彭雨程，王恒，冯俊小，等 . 催化燃烧技术处理 VOCs 的研究进展 [J] . 环境与可持续发展，2015，40 (03)：97-100.

[51] 钱正国 . DBD 臭氧发生电源的设计与控制策略 [D] . 南京：东南大学，2018.

[52] 乔琛智 . 恶臭污染物在线监测与数据分析系统设计 [D] . 天津：天津工业大学，2018.

[53] 区瑞锟，陈砺，严宗诚，等 . 低温等离子体-催化协同降解挥发性有机废气 [J] . 环境科学与技术，2011，34 (1)：79-84.

[54] 任兆杏，丁振峰 . 低温等离子体技术 [J] . 自然杂志，1996，18 (4)：201-208.

[55] 邵敏，董东 . 我国大气挥发性有机物污染与控制 [J] . 环境保护，2013，41 (05)：25-28.

[56] 宋华，王保伟，许根慧．低温等离子体处理挥发性有机物的研究进展［J］．化学工业与工程，2007，24（4）：356-361，369.

[57] 孙立，吴旭景．生物滴滤法净化 VOCs 气体的研究进展［J］．广东化工，2016，11（43）：138-139.

[58] 孙鹏．MnO_x/γ-Al_2O_3 催化剂上臭氧氧化脱除空气中甲醛的研究［D］．大连：大连理工大学，2015.

[59] 杨显万，黄若华，张玲琪，等．生物法净化废气中低浓度挥发性有机物的过程机理研究［J］．中国环境科学，1997（06）：66-70.

[60] 唐峰．光催化降解室内 VOCs 相关性研究［D］．北京：清华大学，2010.

[61] 田静，史兆臣，万亚萌，等．挥发性有机物组合末端治理技术的研究进展［J］．应用化工，2019，48（6）：1433-1439.

[62] 田洁，刘宝友．VOCs 治理分析及研究进展［J］．现代化工，2020，40（4）：30-35.

[63] 童喜润，党杰，杨明德，等．蓄热催化氧化法处理挥发性有机物的研究进展［J］．安徽化工，2004（01）：40-43.

[64] 童志权．工业废气净化与利用［M］．北京：化学工业出版社，2001.

[65] 王健壮，贾春玲，吴爽，等．低温等离子体技术在恶臭治理方面的研究进展［J］．环境科学，2013，26（3）：74-78.

[66] 王连生，孔令仁，韩朔睽．致癌有机物［M］．北京：中国环境科学出版社，1993.

[67] 王良恩，吴燕翔，曹春城，等．吸收法净化含苯类工业废气的研究［J］．环境工程，1992，1（2）：16-19.

[68] 王健．负载型钌基催化剂对 VOCs 的催化氧化研究［D］．北京：中国科学院大学，2016.

[69] 王宁，宁淼，臧宏宽，等．日本臭氧污染防治经验及对我国的启示［J］．环境保护，2016，44（16）：69-72.

[70] 王泉斌，成珊，黄经春，等．污泥干化臭气控制方法对比试验研究［J］．华中科技大学学报（自然科学版），2017，45（4）：73-77.

[71] 王韬．微孔和介孔分子筛催化剂的制备及其在 VOCs 催化燃烧上的应用研究［D］．广州：华南理工大学，2018.

[72] 王铁宇，李奇峰，吕永龙，等．我国 VOCs 的排放特征及控制对策研究［J］．环境科学，2013，34（12）：4756-4763.

[73] 王亚楠．F-TiO_2/WO_3 催化剂的制备及其光催化降解气相甲苯的研究［D］．哈尔滨：哈尔滨工业大学，2019.

[74] 王洋．光催化净化 VOCs 的中试装置研发及影响因素研究［D］．哈尔滨：哈尔滨工业大学，2018.

[75] 王治．低温等离子体、H_2O_2 强化真空紫外光催化降解甲苯等 VOCs 的工艺技术［D］．杭州：浙江大学，2019.

[76] 王语林，袁亮，刘发强，等．吸收法处理挥发性有机物研究进展［J］．环境工程，

2020, 38 (01): 21-27.

[77] 魏岩岩 . 电解法、Fenton 试剂法处理有机废气吸收液的比较研究 [D] . 杭州: 浙江大学, 2006.

[78] 武红波 . 甲苯光降解及光催化降解的初步研究 [D] . 北京: 中国科学院研究生院, 2007.

[79] 武宁, 杨忠凯, 李玉, 等 . 挥发性有机物治理技术研究进展 [J] . 现代化工, 2020, 40 (2): 17-22.

[80] 席劲英, 胡洪营 . 生物过滤法处理挥发性有机物气体研究进展 [J] . 环境科学与技术, 2006 (10): 106-108.

[81] 肖潇 . 液体吸收法资源化处理工业甲苯废气的研究 [D] . 北京: 中国科学院大学, 2015.

[82] 肖海麟 . 铂铈双组份催化剂协同臭氧催化氧化甲苯的研究 [D] . 广州: 华南理工大学, 2018.

[83] 项兆邦, 夏光华, 叶剑, 等 . RTO 技术治理挥发性有机物废气工程应用研究 [J] . 绿色科技, 2014 (10): 174-177.

[84] 谢秋兰, 罗灵爱, 李忠 . 热电冷凝 VOCs [J] . 广东化工, 2005 (6): 11-14.

[85] 修光利, 吴应, 王芳芳, 等 . 我国固定源挥发性有机物污染管控的现状与挑战 [J] . 环境科学研究, 2020 (9): 2048-2060.

[86] 徐剑晖 . 真空紫外辐射处理气态污染物硫化氢和甲苯的效能及机理 [D] . 哈尔滨: 哈尔滨工业大学, 2017.

[87] 许子飏, 莫胜鹏, 叶代启, 等 . 稀土材料在挥发性有机废气降解中的应用及发展趋势 [J] . 环境工程, 2020, 38 (01): 1-12.

[88] 杨昆, 黄一彦, 石峰, 等 . 美日臭氧污染问题及治理经验借鉴研究 [J] . 中国环境管理, 2018, 10 (02): 85-90.

[89] 杨新兴 . 环境中的 VOCs 及其危害 [J] . 前沿科学, 2013, 4 (7): 21-35.

[90] 杨一鸣 . 美国 VOCs 定义演变历程对我国 VOCs 环境管控的启示 [J] . 环境科学研究, 2017, 30 (3): 368-379.

[91] 杨竹慧 . 生物滴滤法净化恶臭及 VOCs 的应用研究 [D] . 北京: 北京工业大学, 2018.

[92] 叶伟伟 . 嗅觉组织生物传感器及其信号处理 [D] . 杭州: 浙江大学, 2011.

[93] 尹淑慧 . 电晕放电与介质阻挡放电等离子体简介 [J] . 现代物理知识, 2006, 18 (2): 21-22.

[94] 于兵川, 吴洪特, 张万忠, 等 . 光催化纳米材料在环境保护中的应用 [J] . 石油化工, 2005, 34 (5): 491-495.

[95] 张广宏, 赵福真, 季生福, 等 . 挥发性有机物催化燃烧消除的研究进展 [J] . 化工进展, 2007, 26 (5): 624-631.

[96] 张洁敏 . 蓄热式热氧化系统处理高浓度有机废气的实例 [J] . 广东化工, 2006, 6 (33): 90-91.

[97] 张林，陈欢林，柴红，等．挥发性有机物废气的膜法处理工艺研究进展［J］．化工环保，2002，22(2)：75-80.
[98] 张楠革．新型溶剂吸收治理有机尾气实验研究［D］．天津：天津大学，2010.
[99] 张卿川，夏邦寿，杨正宁，等．国内外对挥发性有机物定义与表征的问题研究［J］．污染防治技术，2014，27(5)：3-7.
[100] 张少军，侯立安，王佑军，等．低温等离子体技术治理空气污染研究进展［J］．环境科学与管理，2006，31(5)：33-37.
[101] 张宇飞．光催化降解甲苯的实验研究［D］．杭州：浙江大学，2016.
[102] 赵鹏，刘杰民，伊芹，等．异味污染评价与治理研究进展［J］．环境化学，2011，30(1)：310-325.
[103] 赵倩，葛云丽，纪娜，等．催化氧化技术在可挥发性有机物处理的研究［J］．化学进展，2016，28(12)：1847-1859.
[104] 赵奕斌．吸附分离技术［M］．北京：化学工业出版社，2000.
[105] 赵银中．恶臭气体危害及其处理技术［J］．广东化工，2014，41(13)：170-171.
[106] 曾婉昀．重污染行业有机废气来源及净化技术［D］．杭州：浙江大学，2014.
[107] 郑玉祥．液体吸收法处理含甲苯废气的实验研究［D］．兰州：兰州大学，2018.
[108] 邹克华，严义刚，刘咏，等．低温等离子体治理恶臭气体研究进展［J］．化工环保，2008，28(2)：127-131.
[109] 周明艳．用蓄热式氧化法处理挥发性有机物实验研究［D］．北京：清华大学，2002.
[110] 周燕芳．分子筛 VOCs 吸附性能及其工业化应用研究［D］．杭州：浙江大学，2019.
[111] 周灼铭，申屠灵女．利用吸附回收+ 催化氧化技术处理石油化工污水恶臭气体的方法研究［J］．广东化工，2019，46(407)：94-96.
[112] 竹涛，李坚，梁文俊，等．低温等离子体技术控制污水处理厂恶臭气体［J］．环境工程，2008，26(5)：9-12.
[113] 竹涛，朱晓晶，牛文凤，等．国内外挥发性有机物排放标准对比研究［J］．矿业科学学报，2020，45(13)：26-29.
[114] Abedi K, Ghorbani-Shahna F, Jaleh B, et al. Decomposition of chlorinated volatile organic compounds (CVOCs) using NTP coupled with TiO_2/GAC, ZnO/GAC, and TiO_2-ZnO/GAC in a plasma-assisted catalysis system [J]. Journal of Electrostatics, 2015, 73: 80-88.
[115] Arne M, Vandenbtouke, Rino M, et al. Non-thermal plasma for non-catalytic and catalytic VOC abatement [J]. Journal of Hazardous Materials, 2011, 195: 30-54.
[116] Atkinson R. Atmospheric chemistry of VOCs and NO_x [J]. Atmospheric Environment, 2013, 34 (12-14): 2063-2101.
[117] Barbusinski K, Kalemba K, Kasperczyk D, et al. Biological methods for odor treatment—A review [J]. Journal of Cleaner Production, 2017, 152: 223-241.
[118] Barin I. Thermochemical data of pure substances [J]. Germany: VCH, 1995.

[119] Boreskov, G K. Flow reversal of reaction mixture in a fixed catalyst bed—a way to increase the efficiency of chemical processes [J]. Applied Catalysis, 1983, 5: 337-342.

[120] Carey J H, Lawrence J, Tosine H M. Photochlorination of PCB's in the presence of titanium dioxide in aqueous suspensions [J]. Bulletin of Environmental Contamination and Toxicology, 1976, 16(6): 697-701.

[121] Dobslaw D, Schulz A, Helbich S, et al. VOC removal and odor abatement by low-cost plasma enhanced biotrickling filter process [J]. Journal of Environmental Chemical Engineering, 2017, 5: 5501-5511.

[122] Dumont E, Andrès Y. Styrene absorption in water/silicone oil mixtures [J]. Chemical Engineering Journal, 2012, 200-202: 81-90.

[123] Dvoranova D, Brezova V, Mazur M. Investigations of metal-doped titanium dioxide photocatalysts [J]. Applied Catalysis B: Environmental, 2002, 37(2): 91-105.

[124] Epling W S, Hoflund G B. Catalytic oxidation of menthane over ZrO_2-supported Pd catalysis [J]. Journal of Catalysis, 1999, 182(1): 5-12.

[125] Ferdowsi M, Ramirez A A, Jones J P, et al. Elimination of mass transfer and kinetic limited organic pollutants in biofilters: A review [J]. International Biodeterioration & Biodegradation, 2017, 119: 336-348.

[126] Frigerio S, Mehl M, Ranzi E. Improve efficiency of thermal regenerators and VOCs abatement systems: an experimental and modeling study [J]. Experimental Thermal and Fluid Science, 2007, 31: 403-411.

[127] Fujishima A, Honda K. Electrochemical photolysis of water at a semiconductor electrode [J]. Nature, 1972, 238(5358): 37-38.

[128] He C, Cheng J, Zhang X. Recent advances in the catalytic oxidation of volatile organic compounds: a review based on pollutant sorts and sources [J]. Chemical Reviews, 2018, 119(7): 4471-4568.

[129] Kamal M S, Razzak S A, Hossain M. Catalytic oxidation of volatile organic compounds (VOCs)—A review [J]. Atmospheric Environment, 2016, 140: 117-134.

[130] Lasdon L S, Waren A D, Jain A, et al. Design and testing of a generalized reduced gradient coder for nonlinear programming [J]. ACM Transactions on Mathematical Software, 1978, 4(1): 34-50.

[131] Lebour R F, Stefaniak A B, Virji M A, et al. Validation of evacuated canisters for sampling volatile organic compounds in healthcare settings [J]. Journal of Environmental Monitoring Jem, 2012, 14(3): 977-983.

[132] Liu J, Li H, Zong L, et al. Photocatalytic oxidation of propylene on La and N cooped TiO_2 nanoparticles [J]. Journal of Nanoparticles Research, 2015, 17(2): 114.

[133] Lin L, Zhang J, Lin J, et al. Biological technologies for the removal of sulfur contai-

ning compounds from waste streams: bioreactors and microbial characteristics [J] . World Journal of Microbiology and Biotechnology, 2015, 31 (10) : 1501-1515.

[134] Liotta L F. Catalytic oxidation of volatile organic compounds on supported noble metals [J] . Applied Catalysis B: Environmental, 2010, 100 (3-4) : 403-412.

[135] Lou J C, Huang S W. Treating isopropyl alcohol by a regenerative catalytic oxidizer [J] . Separation and Purification Technology, 2008, 62: 71-78.

[136] Mudliar S, Giri B, Padoley K, et al. Bioreactors for treatment of VOCs and odours—A review [J] . Journal of Environmental Management, 2010, 91: 1039-1054.

[137] Oh H K, Song K H, Lee K R, et al. Prediction of sorption and flux of solvents through PDMS membrane [J] . Polymer, 2001, 42: 6305-6312.

[138] Oller I, Malato S, Sanchez-perez J A, et al. Combination of advanced oxidation processes and biological treatments for wastewater decontamination—A review [J] . Science of the Total Environment, 2011, 409 (20) : 4141-4166.

[139] Ottengraf S P P, Van D, OeverA H C. Kinetics of organic compound removal form waste gases with a biological filter [J] . Biotechnology and Bioengineering, 1983, 25: 3089-3102.

[140] Patterson M J, Angove D E, Cant N W. The effect of carbon monoxide on the oxidation of four C-6 to C-8 hydrocarbons over platinum, palladium and rhodium [J] . Applied Catalysis B: Environmental, 2000, 26 (1) : 47-57.

[141] US Enviromental Protection Agency. 40 CFRpart 60: standers of performance for new stationary source [EB/OL] . 2011-06-20 [2011-06-25] .

[142] US Enviromental Protection Agency. National emission standards for hazardous air pollutants for source categories [EB/OL] . 2002-04-05 [2011-06-25] .

[143] US Enviromental Protection Agency. Control techniques guidelines [EB/OL] . (2011-04-22) [2011-06-25] .

[144] Vladimir D, Jae O C. Decomposition of volatile organicism pounds in Plasma-Catalytic system [J] . IEEE Transactions on Plasma Science, 2005, 33 (1) : 157-161.

[145] Wang Y, Feng C, Zhang M, et al. Visible light active N-doped TiO_2 prepared from different precursors: origin of the visible light absorption and photoactivity [J] . Applied Catalysis B: Environmental, 2011, 104 (3) : 268-274.

[146] Xie R, Liu G, Liu D, et al. Wet scrubber coupled with heterogeneous UV/Fenton for enhanced VOCs oxidation over Fe/ZSM-5 catalyst [J] . Chemosphere, 2019, 03: 401-408.

[147] Yu L, Zhong Q. Preparation of absorbents made from sewage sludge for adsorption of organic materials from wastewater [J] . Journal of Hazardous Materials, 2006, 25 (37) : 359-366.

第2章

有机废气多相催化氧化处理技术原理

多相催化指在两相（固-液、固-气、液-气）界面上发生的催化反应。有机废气多相催化氧化处理技术是基于活性氧分子注入技术、炭基催化技术、铁碳微电解技术整合形成，在气-液-固多相环境下，利用氧化剂（注入式活性氧分子）和催化材料（炭基催化剂和铁碳催化剂）协同作用激发出大量氧化性自由基（如羟基自由基），降解矿化有机废气中各种挥发性有机物（VOCs），同时完成炭基催化剂和吸收液的再生，稳定高效处理有机废气。

2.1 注入式活性氧分子技术

活性氧分子包括·OH、HO_2^-、O_2^+、O、$O(^1D)$、O^-、O_2^-、$O_2(a^1\Delta_g)$、O_3 等，能够通过电激发催化等方式产生，可对污染物进行直接氧化，或是通过反应产生大量·OH 进而对污染物进行间接氧化。在活性氧分子注入技术中，将电激发催化反应器等作为独立于污染物之外的活性氧分子发生装置，所生成的富含活性氧分子的气体、液体被注入污染目标中发生氧化反应。相比于污染物直接与反应器接触的处理方法，活性氧分子注入技术能够规避污染物腐蚀、损坏装置的风险，从而有效地延长装置的使用寿命降低维护成本。活性氧分子不仅能够对污染物进行直接氧化，更重要的是还能够生成氧化性更强的·OH 对污染物进行无选择性的氧化降解。活性氧分子注入技术被应用在水、气处理领域，均呈现出高效且无二次污染的效果。在废气处理方面，将活性氧分子注入技术应用于烟气同时脱硫脱硝，利用活性氧分子及其注入后产生的·OH 与 NO、SO_2 反应生成 HNO_3、H_2SO_4 并进行回收；将活性氧分子注入技术与催化氧化技术、化学洗涤技术相结合用于处理含 NH_3、H_2S、VOCs 等恶臭污染物在内的污泥干化废气，脱臭效率高（>95%）且稳定。在水处理方面，较多的研究采用低温等离子体反应器作为活性氧分子发生器，将活性氧分子注入技术应用于染料废水的处理中，可达到脱色率均在 90%以上的效果。另外，将活性氧分子注入技术应用到水体微生物灭活方面，相比于传统投加药剂的方式，利用注入后所产生的羟基自由基对船舶压载水、饮用水进行处理更为高效、彻底且无二次污染。

2.2 炭基催化技术

炭（碳）材料的合成和应用具有悠久的历史。早在 3000 多年前，由木柴烧制而成的炭黑就已经用于墨水、水质净化等用途。进入 20 世纪，富勒烯和碳纳米管的相继发现，更是开辟了纳米碳材料研究的一扇大门。通常以炭基材料为载体并对其进行改性，制备得到炭基催化剂。炭基催化剂具有大的表面积、多孔结构、丰富的表面官能团、优异的传递电子能力以及其他一些独特的理化性质，使其具备优越的吸附和催化性能，在环境治理领域展现出突出效果。

近些年来，许多研究致力于对炭（碳）基材料进行改性活化，包括化学浸渍、低温等离子体处理、杂原子掺杂以及金属负载等，来改变炭基材料的表面和内部结构，增加官能团，从而进一步提高炭基材料的吸附与催化性。改性后得到的炭（碳）基催化剂，在环境治理应用中包括活化过硫酸盐降解水中有机污染物、去除水体中重金属离子、低温选择性烟气脱硝、H_2S 废气催化氧化、有机废气吸附-光催化氧化、土壤治理等，均发挥出出色的性能。在环境治理方面，炭基催化剂是一种有望取代金属催化剂的绿色高效催化剂，具有集吸附与催化性能于一体、成本低、不产生二次污染和可重复使用等优点。

2.3　铁碳微电解技术

铁碳微电解主要原理是铁原子和碳原子在污水中存在电势差，分别作为阳极和阴极组成微小的原电池，而原电池的放电以及放电过程中产生的高活性物质（如新生态的 H^+）可与有机物发生氧化还原反应，从而达到降解污染物的目的。目前被广泛接受的铁碳微电解技术降解污染物的机理主要包括电化学作用、氧化还原作用、吸附作用和絮凝沉淀作用。铁碳微电解材料的使用方式主要有两种：一种是直接将一定粒径的铁屑和活性炭在宏观上混合后，直接投加进污水中进行反应；另一种是将研磨至较小粒径的铁、活性炭、黏结剂、造孔剂混合后加水，人工压制成一定尺寸的球形或椭球形颗粒，再通过高温煅烧得到一体式铁碳填料。两种方式各有优劣，前者操作简便，后者可避免在净化污水过程中出现板结等现象。添加额外氧化剂（O_3、H_2O_2）的形式可将原本为还原性的铁碳微电解修饰为氧化性过程，并取得了很好的污染物处理效果。将铁碳微电解与溶液吸收相结合，用于处理废气中的三氯乙烯和二氯甲烷，结果发现铁碳组合形成的微电解形式更有助于废气中污染物的降解，并且在较低 pH 值条件下铁碳微电解作用效果更明显。

2.4 有机废气多相催化氧化技术

2.4.1 有机废气多相催化氧化的技术原理

基于注入式活性氧分子技术、炭基催化技术和铁碳微电解技术，在气-液-固多相环境下，利用活性氧分子氧化剂和催化剂（铁碳催化剂和炭基催化剂）协同作用激发出大量氧化性自由基（如羟基自由基），降解矿化有机废气（VOCs废气）中各种挥发性有机物（VOCs），同时完成催化剂和吸收液的再生，高效处理有机废气，如图2.1所示。

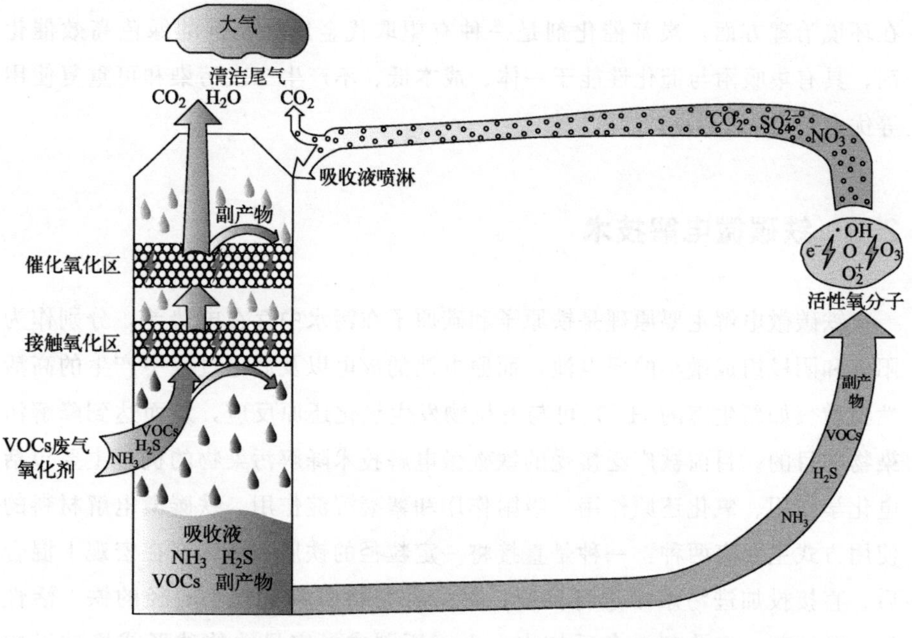

图2.1 多相催化氧化处理VOCs废气的技术原理

多相催化氧化技术适用于大风量、低浓度、组分复杂（VOCs、NH_3、H_2S等）的VOCs废气治理，VOCs废气在去除携带的粉尘或油雾后，进入多相催化氧化塔（根据VOCs废气的风量和浓度，可配置多级塔并联或串联）；同时通过活性氧分子发生器向氧化塔内注入活性氧分子氧化剂，在填料区液体、气体、固体催化剂三相充分接触，活性氧分子激发氧化塔内预先装填的炭基催化剂（过渡金属和活性炭烧制）和水溶液，在氧化塔内激发产生强氧化性自由基源（羟基自由基·OH、过氧羟基自由基 HOO·、超氧阴离子自由基 O_2^-·等），完成气-气反应、气-液反应、液-液反应、气-固反应、气雾反应，强烈快速分解 VOCs 废气携带的大部分 VOCs 及 NH_3、H_2S 等多种臭味污染物，小部分无法氧化的污染物被水溶液化学吸收，实现 VOCs 的净化。达标 VOCs 废气通过离心风机送入排气筒，高空排入大气；喷淋水溶液定期进入循环喷淋废水处理器进行处理再生回用，并排出少量泥渣。

2.4.2 有机废气多相催化氧化的技术路线

VOCs 废气多相催化氧化处理的技术路线如图 2.2 所示。

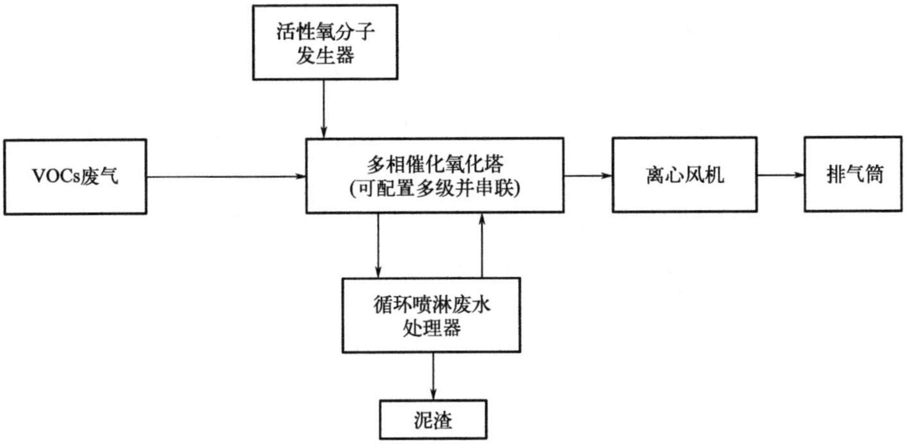

图 2.2　VOCs 废气多相催化氧化处理的技术路线

2.4.3 有机废气多相催化氧化的创新点

（1）研制出铁碳催化剂和炭基催化剂

作为催化填料，协同氧化剂激发出大量的羟基自由基，原位吸附、原位降解矿化 VOCs 及原位再生。催化填料使用寿命大于 5 年，无需更换，定期（1 次/年）补充。与传统活性炭吸附工艺相比，减少活性炭危险废物的产生量。

（2）研制出利用空气电激发活性氧分子模块

活性氧分子作为氧化剂（替代了臭氧和双氧水）注入氧化塔内，在氧化塔内协同铁碳催化剂和炭基催化剂激发出更强的气-液-固多相催化氧化环境，无选择性地矿化多种 VOCs。配套多相催化氧化流化床处理有机喷淋废水的高级氧化处理设备，实现喷淋废水再生，并隔离沉淀出少量泥渣二次污染物。与传统喷淋吸收工艺相比，减少了喷淋废水的产生量。

（3）构建出铁碳催化剂、炭基催化剂和活性氧分子协同技术

构筑出多相流化氧化塔，并采用双塔结构，实现两级处理。常温下废气在塔内持续性催化氧化处理，一次性彻底降解矿化各种 VOCs，VOCs 去除率可持续稳定在 80% 以上。实现了大风量、多组分、低浓度 VOCs 废气持续稳效处理，且无浓缩 VOCs 污染物需进行二次处理。

2.4.4 与国内外同类技术比较

与多相催化氧化技术功能类似的 VOCs 废气治理技术有活性炭吸附法、吸收法、直接燃烧法、吸附浓缩-催化燃烧法、生物滤床法、传统氧化洗涤法等。多相催化氧化技术与它们的比较情况如表 2.1 所列。

表 2.1 多相催化氧化技术与同类技术比较

技术名称	技术缺点	多相催化氧化技术相对优点
活性炭吸附法	需经常性大量换炭，操作成本高	(1)无需经常性大量更换耗材； (2)减少废活性炭等二次污染物
吸收法	消耗大量的用水及排放大量的废水	用水及废水大幅减少
直接燃烧法	(1)消耗大量燃料； (2)高温产生 NO_x 等二次污染	(1)无需消耗燃料； (2)无 NO_x 等二次污染物
吸附浓缩-催化燃烧法	(1)高温操作，热脱附，操作成本高； (2)催化剂易中毒； (3)气体中高沸点物质影响吸附剂寿命	(1)无需高温操作，危险性低； (2)不受高沸点物质影响
生物滤床法	(1)土地面积需求较大； (2)处理效率受温度及湿度变化影响大	(1)土地面积需求较小； (2)处理效率持续稳定
传统氧化洗涤法	(1)一般使用次氯酸，处理效率低； (2)有生成含氯有机物的风险	(1)使用活性氧化分子，氧化能力及效率均大幅提升； (2)无毒性副产物的风险

本书介绍的有机废气多相催化氧化技术在处理 VOCs 废气方面，设备投入与吸附浓缩-催化燃烧法、生物滤床法基本持平，比直接燃烧法低，比单一活性炭法略高，该技术的最大特点就是无二次 VOCs 浓缩排放或形态转移，只有少量泥渣产生，VOCs 去除率能够做到持续稳定，尾气可长期达标排放。同时，对 VOCs 废气具有一定的广谱性，兼具强氧化性能，对有机污染物的种类几乎没有选择性，适合各种低浓度工业 VOCs 废气。该技术的实施为 VOCs 废气处理提供了一条全新途径，为减少企业工厂环保投入和降低 VOCs 总排量做出了贡献。

参考文献

[1] 黄开友，申英杰，王晓岩，等．生物炭负载纳米零价铁制备及修复六价铬污染土壤技术研究进展［J］．环境工程，2020，38（11）：203-210，195.

[2] 孟祥盈，陈操，白敏冬，等．羟基自由基压载水处理系统实船应用［J］．船舶工程，2016（2）：51-55.

[3] 贾艳萍，张真，毕朕豪，等．铁碳微电解处理印染废水的效能及生物毒性变化［J］．化工进展，2020，39（02）：790-797.

[4] 黄利，陈文艳，万玉山，等．制革废水和印染废水的综合毒性评估及鉴别［J］．环境科学，2015，36（07）：2604-2609.

[5] 曹蓓蓓．铁炭微电解法处理硝基苯废水的实验研究［D］．上海：华东理工大学，2014.

[6] 薛嵩，钱林波，晏井春，等．生物炭携载纳米零价铁对溶液中 Cr（Ⅵ）的去除［J］．环境工程学报，2016，10（06）：2895-2901.

[7] 朱燕群，林法伟，袁定琨，等．介质阻挡放电过程中臭氧生成性能试验研究［J］．动力工程学报，2016，36（12）：982-986.

[8] 佘帅奇，陈红，薛罡，等．铁碳微电解处理印染废水的作用机制［J］．化工环保，2021，41（6）：699-704.

[9] 常远．用于流化床吸附工艺的 VOCs 吸附剂的研制［D］．北京：中国科学院大学，2018.

[10] 刘合印，郭奎，陈凡立，等．零价铁改性生物碳材料去除废水中六价铬的研究［J］．山东化工，2021，50（05）：262-266.

[11] 陈江安，周丹，邱廷省，等．氰化尾渣制备微电解填料及降解甲基橙研究［J］．中国环境科学，2018，38（10）：3808-3814.

[12] 陈金辉．烧制工艺对铁碳微电解陶粒物理特性的影响研究［J］．工程技术研究，2019，4（23）：111-112.

[13] 陈明功，刘云龙，汪桐，等．铁碳微电解技术净化污水的研究进展［J］．安徽化工，

2020，46（05）：6-10.
[14] 罗剑非，陈威，王宗平．铁碳微电解预处理腈纶废水的试验研究［J］．工业水处理，2018，38（09）：91-93.
[15] 陈伟，王晓建，李胜利．等离子体注入法用于上海卷烟厂异味处理的应用研究［J］．环境工程，2017（增刊 2）：177-180.
[16] 温沁雪，王进，郑明明，等．印染废水深度处理技术的研究进展及发展趋势［J］．化工环保，2015，35（4）：363-369.
[17] 李密，谌书，王彬，等．人工湿地植物炭基材料特性及铁碳微电解填料制备［J］．地球与环境，2021，49（1）：82-91.
[18] 施帆君，崔康平，杨阳，等．Fenton 试剂与 TiO_2 光催化氧化农药废水研究［J］．人民黄河，2010，32（11）：62-64.
[19] 朱巨建，周衍波，张永利，等．壳聚糖的改性及在印染废水处理中的应用［J］．生态环境学报，2016，25（01）：112-117.
[20] 孙梅香，吴曼，刘会应，等．基于响应曲面法的环境因素对生活污水三维荧光光谱的影响［J］．环境工程学报，2016，10（10）：5491-5497.
[21] 李孟玉，兰天翔，江博，等．组合工艺处理富马酸废水的适宜性研究［J］．水处理技术，2021，47（12）：1-4.
[22] 李春虎，黄克磊，付莹莹，等．铁碳微电解-Fenton 联合光催化处理金属加工清洗废水［J］．水处理技术，2021，47（10）：66-70.
[23] 李姗姗，刘峻峰，冯玉杰．高级氧化法处理农药废水研究进展［J］．工业水处理，2015（8）：6-10.
[24] 俸志荣，焦纬洲，刘有智，等．铁碳微电解处理含硝基苯废水［J］．化工学报，2015，66（03）：1150-1155.
[25] 汤心虎，甘复兴．铁屑腐蚀电池在工业废水治理中的应用［J］．工业水处理，1998（06）：6-8.
[26] 李亚峰，高颖．制药废水处理技术研究进展［J］．水处理技术，2014，40（05）：1-4.
[27] 顾洁，胡星梦，牛永红，等．活性炭/TiO_2 光催化净化室内甲醛的实验研究［J］．应用化工，2019，48（08）：1791-1794.
[28] 许湖敏，石刚，顾文秀，等．生物基活性炭对有机-水共混溶剂中的甲基橙吸附平衡与动力学研究［J］．应用化工，2018，47（11）：2309-2313.
[29] 孙慧娜，杨淑珍，韩桂洪，等．铁碳微电解填料制备及其降解黄药研究［J］．矿产保护与利用，2020，40（01）：8-15.
[30] 郝景润，邱宁．制药废水常用处理技术研究与应用［J］．清洗世界，2020，36（11）：17-18.
[31] 唐琼瑶，黄磊，刘浩，等．铜渣制备微电解填料及其处理甲基橙废水的研究［J］．金属矿山，2018（01）：183-186.
[32] 姜兴华，刘勇健．铁碳微电解法在废水处理中的研究进展及应用现状［J］．工业安全与

环保，2009，35（01）：26-27.

[33] 余丽胜，焦纬洲，刘有智，等．超声强化铁碳微电解-Fenton 法降解硝基苯废水［J］．化工学报，2017，68（01）：297-304.

[34] 谢友友，琚宜文，刘新春，等．煤系“三气”合采产出水多元膜回用的预处理优化［J］．环境工程，2021，39（03）：61-67.

[35] 殷洪晶，崔康平．微电解/芬顿/蒸发/AO 工艺处理丙硫菌唑农药废水［J］．中国给水排水，2021，37（06）：112-116.

[36] 张厚，施力匀，杨春，等．电镀废水处理技术研究进展［J］．电镀与精饰，2018，40（2）：36-41.

[37] 田正，李朝晖．生物炭在土壤重金属镉污染治理中的应用分析［J］．中国农业信息，2017，10（2）：68-69.

[38] 王敏欣，朱书全，李发生．铁碳微电解法用于模拟染色废水脱色的研究［J］．黑龙江科技学院学报，2001（01）：6-10.

[39] 李悦．DBD 氧活性物质注入法氧化亚硫酸铵的研究［D］．大连：大连理工大学，2013.

[40] 唐国冬，王雪真，廖欣怡，等．Fe/C 微电解-Fenton 氧化-接触氧化处理葡萄酒废水［J］．水处理技术，2017，43（12）：95-98，104.

[41] 陆彬．介质阻挡等离子放电臭氧氧化乙醛废水［J］．环境工程学报，2015，9（11）：5381-5386.

[42] 吕晓光．克劳斯法硫磺回收工艺技术探讨［J］．化工管理，2020（11）：189-190.

[43] 赵丽红，聂飞．水处理高级氧化技术研究进展［J］．科学技术与工程，2019，19（10）：1-9.

[44] 庞翠翠．铁炭微电解填料板结过程的研究［D］．邯郸：河北工程大学，2012.

[45] 沈欣军，邹成龙，孙美芳．铁碳微电解技术处理实际印染废水［J］．沈阳工业大学学报，2018，40（4）：397-401.

[46] 王健．富马酸生产废水治理技术应用研究［J］．能源环境保护，2017，31（2）：20-22.

[47] 王永广，杨剑锋．微电解技术在工业废水处理中的研究与应用［J］．环境污染治理技术与设备，2002（04）：69-73.

[48] 叶露．MBR 工艺处理制药废水性能及膜污染调控机制研究［D］．杭州：浙江大学，2019.

[49] 于飞，赖慧龙，郭律，等．钒基催化剂 NH_3-SCR 低温反应特性研究［J］．内燃机学报，2021，39（01）：74-80.

[50] 袁书保．铁碳微电解预处理制药废水实验研究［D］．武汉：武汉科技大学，2015.

[51] Hafez Y，Attia K，Alamery S，et al. Beneficial effects of biochar and chitosan on antioxidative capacity，osmolytes accumulation，and anatomical characters of water-stressed barley plants［J］. Agronomy，2020，10（5）：630.

[52] Mokhri M A，Abdullah N R，Abdullah S A，et al. Soot filtration recent simulation

analysis in diesel particulate filter （DPF）[J]. Procedia Engineering，2012，41: 1750-1755.

[53] Adeleye A T，Akande A A，Odoh C K，et al. Efficient synthesis of bio-based activated carbon（AC）for catalytic systems: A green and sustainable approach [J]. Journal of Industrial and Engineering Chemistry，2021，96: 59-70.

[54] Adeleye A T，Akande A A，Odoh C K，et al. Efficient synthesis of bio-based activated carbon（AC）for catalytic systems: A green and sustainable approach [J]. Journal of Industrial and Engineering Chemistry，2021，96: 71-75.

[55] Agarwal A K，Gupta T，Shukla P C，et al. Particulate emissions from biodiesel fuelled CI engines [J]. Energy Conversion Management，2015，94: 311-330.

[56] Mansoor S，Kour N，Manhas S，et al. Biochar as a tool for effective management of drought and heavy metal toxicity [J]. Chemosphere，2020，271(4): 129458.

[57] Bai X，Zhang Z，Bai M D，et al. Killing of invasive species of ship's ballsat water in 20t/h system using hydroxyl radicals [J]. Plasma Chemistry and Plasma Process，2005，25(1-2): 41-54.

[58] Zhang Y P，MuthuSun H M，Dionysios P D，et al. Glucose and melamine derived nitrogen-doped carbonaceous catalyst for nonradical peroxymonosulfate activation process [J]. Carbon，2020，156: 399-409.

[59] ALai B，Zhou Y，Yang P. Passivation of sponge iron and GAC in Fe^0/GAC mixed-potential corrosion reactor [J]. Industrial & Engineering Chemistry Research，2012，51(22): 7777-7785.

[60] An T，Chen J，Nie X，et al. Synthesis of carbon nanotube-anatase TiO sub-micrometer-sized sphere composite photocatalyst for synergistic degradation of gaseous styrene [J]. ACS Applied Materials & Interfaces，2012，4(1): 5988-5996.

[61] Duan X，Ao Z，Sun H，et al. Insights into N-doping in single-walled carbon nanotubes for enhanced activation of superoxides: a mechanistic study [J]. Chemical Communications，2015，51(83): 15249-19252.

[62] Apeksha M，Rajanikanth B S. Plasma/adsorbent system for NO_x treatment in diesel exhaust: a case study on solid industrial wastes [J]. International Journal of Environmental Science and Techonology，2019，16（7）: 2973-2988.

[63] Talebizadeh A P，Babaie M B，Brown R B，et al. The role of nonthermal plasma technique in NO_x treatment: a review [J]. Renewable & Sustainable Energy Reviews，2014，40: 886-901.

[64] Okubo M，Arita N，Kuroki T，et al. Total diesel emission control technologyusing ozone injection and plasma desorption [J]. Plasma Chemistry and Plasma Processing，2008，28(2): 173-187.

[65] Li S，Liu Y，Gong H，et al. N-doped 3D mesoporous carbon/carbon nanotubes mon-

olithic catalyst for H_2S selective oxidation [J] . ACS Applied Nano Materials, 2019, 2 (6) : 3780-3792.

[66] Zhitao Z, Mindong B, Mindi B, et al. Removal of SO_2 from simulated flue gases using non-thermal plasma-based microgap discharge [J] . Journal of the Air & Waste Management Association, 2006, 56 (6) : 810-815.

[67] Bai M, Zhang Z, Bai M. Simultaneous desulfurization and denitrification of flue gas by · OH radicals produced from O_2^+ and water vapor in a duct [J] . Environmental Science & Technology, 2012, 46 (18) : 10161-10168.

[68] Bai M, Zheng Q, Tian Y, et al. Inactivation of invasive marine species in the process of conveying ballast water using · OH based on a strong ionization discharge [J] . Water Research, 2016, 96: 217-224.

[69] Zhang Y, Bai M, Chen C, et al. · OH treatment for killing of harmful organisms in ship's ballast water with medium salinity based on strong ionization discharge [J] . Plasma Chemistry and Plasma Processing, 2013, 33 (4) : 751-763.

[70] Zhang N, Zhang Z, Bai M, et al. Evaluation of the ecotoxicity and biological efficacy of ship's ballast water treatment based on hydroxyl radicals technique [J] . Marine Pollution Bulletin, 2012, 64 (12) : 2742-2748.

[71] Bai M D, Chen C, Meng X Y, et al. Treatment of 250 t/h ballast water in oceanic ships using · OH radicals based on strong electric-field discharge [J] . Plasma Chemistry and Plasma Processing, 2012, 32 (4) : 693-702.

[72] Bai M, Zhang Z, Zhang N, et al. · OH degraded 2-Methylisoborneol during the removal of algae-laden water in a drinking water treatment system: Comparison with ClO_2 [J] . Chemosphere, 2019, 236: 124342. 1-124342. 9.

[73] Bai M D, Gao M, Li H Y, et al. · OH pre-treatment of algae blooms and degradation of microcystin-LR in a T drinking water system of $480m^3$/day: Comparison with ClO_2 [J] . Chemical Engineering Journal, 2019, 367: 189-197.

[74] Li H B, Yang M D, Zhong X T, et al. · OH inactivation of cyanobacterial blooms and degradation of toxins in drinking water treatment system [J] . Water Research, 2019, 154: 144-152.

[75] Yu Y, Yao L, Bai M, et al. · OH mineralization of norfloxacin in the process of algae bloom water treatment in a drinking water treatment system of 12, 000 m^3 per day [J] . Chemical Engineering Journal, 2019, 360: 1355-1362.

[76] Bai M, Tian Y, Yu Y, et al. Application of a hydroxyl-radical-based disinfection system for ballast water [J] . Chemosphere, 2018, 208: 541-549.

[77] Bai M D, Zhang Z T, Bai M, et al. Effect of hydroxyl radicals on introduced organisms of ship's ballast water based micro-gap discharge [J] . Plasma Science and Technology, 2007, 9 (2) : 206-210.

[78] Gligorovski S, Strekowski R, Barbati S, et al. Environmental implications of hydroxyl radicals (· OH) [J] . Chemical Reviews, 2015, 115 (24) : 13051-13092.

[79] Dai H, Xu J, Chen Z, et al. Chlorination of microcystis aeruginosa : cell lyses and incomplete degradation of bioorganic substance [J] . Desalination and Water Treatment, 2016, 57 (34) : 16129-16137.

[80] Naceradska J, Pivokonsky M, Pivokonska L, et al. The impact of pre-oxidation with potassium per-manganate on cyanobacterial organic matter removal by coagulation [J] . Water Research, 2017, 114: 42-49.

[81] Bai M D, Bai X, Zhang Z, et al. Treatment of red tide in ocean using non-thermal plasma based advanced oxidation technology [J] . Plasma Chemistry and Plasma Processing, 2005, 25 (5) : 539-550.

[82] Bai M, Huang X, Zhong Z, et al. Comparison of · OH and NaClO on geosmin degradation in the process of T algae colonies inactivation at a drinking water treatment plant [J] . Chemical Engineering Journal, 2020, 393 (2) : 123243.

[83] Frank B, Zhang J, Blume R, et al. Heteroatoms increase the selectivity in oxidative dehydrogenation reactions on nanocarbons [J] . Angewandte Chemie, 2010, 48 (37) : 6913-6917.

[84] Jogi I, Stamate E, Irimiea C, et al. Comparison of direct and indirect plasma oxidation of NO combined with oxidation by catalyst [J] . Fuel, 2015, 144: 137-144.

[85] Wasu L, Boonamnuayvitaya V. Enhancing the photocatalytic activity of TiO_2 co-doping of graphene-Fe^{3+} ions forformaldehyde removal [J] . Journal of Environmental Management, 2013, 127: 142-149.

[86] Magureanu M, Bradu C, Parvulescu V I. Plasma process for the treatment of water contaminated with harmful organic compounds [J] . Journal of Physics D: Applied Physics, 2018, 51 (31) : 3002.

[87] Zhang S, Kang P, Ubnoske S, et al. Polyethylenimine-enhanced electrocatalytic reduction of CO_2 to formate at nitrogen-doped carbon nanomaterials [J] . Journal of the American Chemical Society, 2014, 136 (22) : 7845-7848.

[88] Fan J, Ho L, Hobson P, et al. Evaluating the effectiveness of copper sulphate, chlorine, potassium permanganate, hydrogen peroxide and ozone on cyanobacterial cellintegrity [J] . Water Research, 2013, 47 (14) : 5153-5164.

[89] Brü ggemannT C, Przybylski M D, Balaji S P, et al. Theoretical investigation of the mecha-nism of the selective catalytic reduction of nitric oxide with ammonia on H-form zeoles [J] . Journal of Physics Chemistry C, 2008, 112 (44) : 17378-17387.

[90] Liang H W, Zhuang X, Brü ller, S, et al. Hierarchically porous carbons with optimized nitrogen doping as highly active electrocatalysts for oxygen reduction [J] . Nature Communications, 2014, 5 (1) : 4973.

[91] Ding D, Yang S J, Qian X Y, et al. Nitrogen-doping positively whilst sulfur-doping negatively affect the catalytic activity of biochar for the degradation of organic contaminant [J] . Applied Catalysis B: Environmental, 2020, 263 (118348) : 1-15.

[92] Shi Y X, Cai Y X, Li X H, et al. Mechanism and method of DPF regeneration byoxygen radical generated by NTP technology [J] . International Journal of Automotive Technology, 2014, 15 (6) : 871-876.

[93] Pu X, Cai Y, Shi Y, et al. Diesel particulate filter (DPF) regeneration using nonthermalplasma induced by dielectric barrier discharge [J] . Journal of the Energy Institute, 2018, 91 (5) : 655-667.

[94] Shi Y, Cai Y, Li X, et al. Low Temperature diesel particulate filter regeneration by atmospheric air non-thermal plasma injection system [J] . Plasma Chemistry and Plasma Processing, 2016, 36 (3) : 783-797.

[95] Rosenfeldt E J, Linden K G, Canonica S, et al. Comparison of the efficiency of ·OH radical formation during ozonation and the advanced oxidation processes O_3/H_2O_2 and UV/H_2O_2 [J] . Water Research, 2006, 40 (20) : 3695-3704.

[96] Xu X, Cao X, Zhao L, et al. Removal of Cu, Zn, and Cd from aqueous solutions by the dairy manure-derived biochar [J] . Environmental Science and Pollution Research International, 2013, 20 (1) : 358-368.

[97] Liu Y, Mei S, Iya-Sou D, et al. Carbamazepine removal from water by dielectric barrier discharge: Comparison of ex situ and in situ discharge on water [J] . Chemical Engineering and Processing: Process Intensification, 2012, 56: 10-18.

[98] Yuan D K, Wang Z H, Cen K F, et al. Ozone production in parallel multichannel dielectric barrier discharge from oxygen and air: the influence of gas pressure [J] . Journal of Physics D: Applied Physics, 2016 (49) : 455203.

[99] Chan G Y S, Kurniawan T A, Lo W H. Radicals-catalyzed oxidation reactions for degradation of recalcitrant compounds from landfill leachate [J] . Chemical Engineering Journal, 2006, 125 (1) : 35-57.

[100] Takaki K, Chang J S, Kostov K G. Atmospheric pressure of nitrogen plasmas in a ferro-electricpacked bed barrier discharge reactor [J] . IEEE Transactions on Dielectrics and Electrical Insulation, 2004, 11 (3) : 481-490.

[101] Li Z, Gao B, Chen G Z, et al. Carbon nanotube/titanium dioxide (CNT/TiO_2) core-shell nanocomposites with tailored shell thickness, CNT content and photocatalytic/photoelectrocatalytic properties [J] . Applied Catalysis B: Environmental, 2011, 110: 50-57.

[102] Sun F, Liu J, Chen H, et al. Nitrogen-rich mesoporous carbons: highly efficient, regenerable metal-free catalysts for low-temperature oxidation of H_2S [J] . ACS Catalysis, 2013, 3 (5) : 862-870.

[103] Chen K, Martirosyan K S, Luss D. Temperature gradients within a soot layer during regeneration [J]. Chemical Engineering Science, 2011, 66 (13): 2968-2973.

[104] Kang M, Chen Q, Li J, et al. Preparation and study of a new type of Fe-C microelectrolysis filler in oil-bearing ballast water treatment [J]. Environmental Science and Pollution Research, 2019, 26 (11): 10673-10684.

[105] Zheng Y, Jiao Y, Li L H, et al. Toward design of synergistically active carbon-based catalysts for electrocatalytic hydrogen evolution [J]. ACS Nano, 2014, 8 (5): 5290-5296.

[106] Chen Y C, Katsumata K, Chiu Y H, et al. ZnO-graphene composites as practical photocatalysts for gaseous acetaldehyde degradation and electrolytic water oxidation [J]. Applied Catalysis A General, 2015, 490: 1-9.

[107] Wang J, Liao Z, Ifthikar J, et al. Treatment of refractory contaminants by sludge-derived biochar/persulfate system via both adsorption and advanced oxidation process [J]. Chemosphere, 2017, 185: 754-763.

[108] Wang L, Wang Z, Cheng X, et al. In situ DRIFTS study of the NO+CO reaction on Fe-Co binary metal oxides over activated semi-coke supports [J]. RSC Advances, 2017, 7 (13): 7695-7710.

[109] Tang Q, Jiang W, Cheng Y, et al. Generation of reactive species by gas-phase dielectric barrier discharges [J]. Industrial & Engineering Chemistry Research, 2011, 50 (17): 9839-9846.

[110] Takahashi M, Chiba K, Li P. Free-radical generation from collapsingmicrobubbles in the absence of a dynamic stimulus [J]. Journal of Physical Chemistry B, 2007, 111 (6): 1343-1347.

[111] Lee H, Kim H, Weon S, et al. Activation of persulfates by graphitized nanodiamonds for removal of organic compounds [J]. Environmental Science & Technology, 2016, 50 (18): 10134-10142.

[112] Tang X, Li C, Yi H, et al. Facile and fast synthesis of novel Mn_2CoO_4@rGO catalysts for the NH_3-SCR of NO_x at low temperature [J]. Chemical Engineering Journal, 2018, 333: 467-476.

[113] Chung H T, Won J H, Zelenay P. Active and stable carbon nanotube/nanoparticle composite electrocatalyst for oxygen reduction [J]. Nature Communications, 2013, 4: 1922.

[114] Palma V, Ciambelli P, Meloni E, et al. Study of the catalyst load for a microwave susceptible catalytic DPF [J]. Catalysis Today, 2013, 216: 185-193.

[115] Dong H, Deng J, Jun M D, et al. Stabilization of nanoscale zero-valent iron (nZVI) with modified biochar for Cr (Ⅵ) removal from aqueous solution [J]. Journal of Hazardous Materials, 2017, 332: 79-86.

[116] Song W, Xu T, Cooper W J, et al. Radiolysis studies on the destruction of microcystin-LR in aqueous solution by hydroxyl radicals [J] . Environmental Science & Technology, 2009, 43 (5) : 1487-1492.

[117] Herwig R P, Cordell J R, Perrins J C, et al. Ozone treatment of ballast water on the oil tanker S/T Tonsina: chemistry, biology and toxicity [J] . Marine Ecology Progress Series, 2006, 324: 33-55.

[118] Hill D W, Herwig R P, Cordell J R, et al. Electrolytic sodium hypochlorite system for treatment of ballast water [J] . Journal of Ship Production, 2006, 3 (22) : 160-171.

[119] Kroto H W, Heath J R, O'Brien S C, et al. C_{60} : Buckminsterfullerene [J] . Nature, 1985, 318: 162-163.

[120] Meng Z, Dabdub D, Seinfeld J H. Chemical coupling between atmospheric ozone and particulate matter [J] . Science, 1997, 277 (5322) : 116-119.

[121] Hu C, Dai L. Carbon-based metal-free catalysts for electrocatalysis beyond the ORR [J] . Angewandte Chemie, 2016, 55 (39) : 11736-11758.

[122] Zamyadi A, Fan Y, Daly R I, et al. Chlorination of microcystic aeruginosa: toxin release and oxidation, cellular chlorine demand and disinfection by-product formation [J] . Water Research, 2013, 47 (3) : 1080-1090.

[123] Wright D A, Dawson R, Orano-Dawson C E, et al. A test of the efficacy of a ballast water treatment system aboard the vessel coral princess [J] . Marine Technology, 2007, 44 (1) : 57-67.

[124] Fino D, Specchia V. Open issues in oxidative catalysis for diesel particulate abatement [J] . Powder Technology, 2008, 180 (1) : 64-73.

[125] Tan P Q, Hu Z Y, Deng K Y, et al. Particulate matter emission modelling based on soot and SOF from direct injection diesel engines [J] . Energy Conversion Management, 2007, 48 (2) : 510-518.

[126] Meng F, Li Z, Lei C, et al. Removal of trichloroethene by iron-based biochar from anaerobic water: Key roles of Fe/C ratio and iron carbides [J] . Chemical Engineering Journal, 2021, 413: 127391.

[127] Zou W, Gao B, Ok Y S, et al. Integrated adsorption and photocatalytic degradation of volatile organic compounds (VOCs) using carbon-based nanocomposites: a critical review [J] , Chemosphere, 2019 (218) : 845-859.

[128] Dsikowitzky L, Botalova O, al Sandouk-Lincke N A, et al. Identification of specific organic contaminants in different units of a chemical production site [J] . Environmental Science: Processes & Impacts, 2014, 16 (7) : 1779.

[129] Wu S, Liu H, Yang C, et al. High-performance porous carbon catalyst doped by iron and nitrogen for degradation of bisphenol F via peroxymonosulfate activation [J] . Chemical

Engineering Journal, 2020, 392: 123683-123683.

[130] Wang N, Ma W, Ren Z, et al. Prussian blue analogues derived porous nitrogen-doped carbon microspheres as high performance metal-free peroxymonosulfate activators for non-radical-dominated degradation of organic pollutants [J]. Journal of Materials Chemistry A, 2018, 6 (3): 884-895.

[131] Ma W, Wang N, Fan Y, et al. Non-radical-dominated catalytic degradation of bisphenol A by ZIF-67 derived nitrogen-doped carbon nanotubes frameworks in the presence of peroxymonosulfate [J]. Chemical Engineering Journal, 2018, 336: 721-731.

[132] Zhu S, Li X, Kang J, et al. Persulfate activation on crystallographic manganese oxides: Mechanism of singlet oxygen evolution for nonradical selective degradation of aqueous contaminants [J]. Environmental Science & Technology, 2019, 53 (1): 307-315.

[133] Liang P, Zhang C, Duan X, et al. An insight into metal organic framework derived N-doped graphene for the oxidative degradation of persistent contaminants: Formation mechanism and generation of singlet oxygen from peroxymonosulfate [J]. Environmental Science: Nano, 2017, 4 (2): 315-324.

[134] Tsolaki E, Diamadopoulos E. Technologies for ballast water treatment: A review [J]. Journal of Chemical Technology and Biotechnology, 2010, 85 (1): 19-32.

[135] Eliasson B, Kogelschatz U. Nonequilibrium volume plasma chemical Process [J]. IEEE Transactions on Plasma Science, 1991, 19 (6): 1063-1077.

[136] Jõgi I, Erme K, Levoll E, et al. Plasma and catalyst for the oxidation of NO_x [J]. Plasma Sources Science & Technology. 2018, 27 (3): 035001.

[137] Miranda S M, Romanos G E, Likodimos V, et al. Pore structure, interface properties and photocatalytic efficiency of hydration/dehydration derived TiO_2/CNT composites [J]. Applied Catalysis, B. Environmental: An International Journal Devoted to Catalytic Science and Its Applications, 2014, 147: 65-81.

[138] Li J, Zhu J, Fang L, et al. Enhanced peroxymonosulfate activation by supported microporous carbon for degradation of tetracycline via non-radical mechanism [J]. Separation and Purification Technology, 2020, 240: 116617.

[139] Zheng Y, Zhan H, Fang Y, et al. Uniformly dispersed carbon-supported bimetallic ruthenium-platinum electrocatalysts for the methanol oxidation reaction [J]. Journal of Materials Science, 2017, 52: 3457-3466.

[140] Liu H, Sun P, Feng M, et al. Nitrogen and sulfur co-doped CNT-COOH as an efficient metal-free catalyst for the degradation of UV filter BP-4 based on sulfate radicals [J]. Applied Catalysis B: Environmental, 2016, 187: 1-10.

[141] Feng X, Ge Y, Ma C, et al. Experimental study on the nitrogen dioxide and particu-

late matter emissions from diesel engine retrofitted with particulate oxidation catalyst [J] . Science of Total Environment, 2014, 472: 56-62.

[142] Molnar J L, Gamboa R L, Revenga C, et al. Assessing the global threat of invasive species to marine biodiversity [J] . Frontiers in Ecology and the Environment, 2008, 6 (9) : 485-492.

[143] Damma D, Ettireddy P R, Reddy B M, et al. A review of low temperature NH_3-SCR for removal of NO_x [J] . Catalysts, 2019, 9 (4) : 349.

[144] Gao R, Pan L, Lu J, et al. Phosphorus-doped and lattice-defective carbon as metal-like catalyst for the selective hydrogenation of nitroarenes [J] . Chemicals & Chemistry, 2017, 9: 4287-4294.

[145] Zhao G B, Garikipati S V B J, Hu X, et al. Effect of oxygen on nonthermal plasma reactions of nitrogen oxides in nitrogen [J] . AICHE Journal, 2005, 51 (6) : 1800.

[146] Kohantorabi M, Moussavi G, Giannakis S. A reviewof the innovations in metal-and carbon-based catalysts explored for heterogeneous peroxymonosulfate (PMS) activation, with focus on radical vs. non-radical degradation pathways of organic contaminants [J] . Chemical Engineering Journal, 2021, 411 (127957) : 1-26.

[147] Grundmann J, Müller S, Zahn R J. Treatment of soot by dielectric barrier discharges and ozone [J] . Plasma Chemistry and Plasma Processing, 2005, 25 (5) : 455-466.

[148] Zhao Y, Han Y, Ma T, et al. Simultaneous desulfurization and denitrification from flue gas by ferrate (Ⅵ) [J] . Environmental Science & Technology, 2011, 45 (9) : 4060-4065.

[149] Wang Q, Wang T, Qu G, et al. High-efficient removal of tetrabromobisphenol A in aqueous by dielectric T barrier discharge: Performance and degradation pathways [J] . Separation and Purification Technology, 2020, 240 (11615) : 1-10.

[150] Duan X, Ao Z, Zhou L, et al. Occurrence of radical and nonradical pathways from carbocatalysts for aqueous and nonaqueous catalytic oxidation [J] . Applied Catalysis B: Environmental, 2016, 188: 98-105.

[151] Yang Y, Wang M, Shi P, et al. Recycling of nitrogen-containing waste diapers for catalytic contaminant oxidation: occurrence of radical and non-radical pathways [J] . Chemical Engineering Journal, 2020, 384: 123246.

[152] Haag W R, Yao C C. Rate constants for reaction of hydroxyl radicals with several drinking water contaminant [J] . Environmental Science & Technology, 1992, 26 (5) : 1005-1013.

[153] Rigby G, Hallegraeff G. On the nature of ballast tank sediments and their role in ship's transport of harmful marine microorganisms [J] . Journal of Marine Environmental Engineering, 2001, 6 (4) : 211-227.

[154] Kim H J, Han B, Woo C G, et al. NO_x removal performance of a wet reduction

scrubber combined with oxidation by an indirect DBD plasma for semiconductor manufacturing industries [J]. IEEE Transactions on Industry Applications, 2018, 54 (6): 6401-6407.

[155] Luo R, Li M, Wang C, et al. Singlet oxygen-dominated non-radical oxidation process for efficient degradation of bisphenol A under high salinity condition [J]. Water Research, 2019, 148: 416-424.

[156] Hu B, Wang K, Wu L, et al. Engineering carbon materials from the hydrothermal carbonization process of biomass [J]. Advanced Materials, 2010, 22 (7): 813-828.

[157] Wei Z, Li P, Hassan M, et al. Employing a novel O_3/H_2O_2+ $BiPO_4$/UV synergy technique to deal with thiourea-containing photovoltaic wastewater [J]. RSC Advances, 2019, 9 (1): 450-459.

[158] Tichonovas M, Krugly E, Racys V, et al. Degradation of various textile dyes as wastewater pollutants under dielectric barrier discharge plasma treatment [J]. Chemical Engineering Journal, 2013, 229: 9-19.

[159] Cheng X, Guo H, Zhang Y, et al. Non-photochemical production of singlet oxygen via activation of persulfate by carbon nanotubes [J]. Water Research, 2017, 113: 80-88.

[160] Hu B, Wang K, Wu L, et al. Engineering carbon materials from the hydrothermal carbonization process of biomass [J]. Advanced Materials, 2010, 22 (7): 813-828.

[161] Zhu L, Huang B, Wang W, et al. Low-temperature SCR of NO with NH_3 over CeO_2 supported on modified activated carbon fibers [J]. Catalysis Communications, 2011, 12 (6): 394-398.

[162] Wei D, Liu Y, Wang Y, et al. Synthesis of N-doped graphene by chemical vapor deposition and its electrical properties [J]. Nano Letters, 2009, 9 (5): 1752-1758.

[163] Tan Z, Wang Y, Zhang L, et al. Study of the mechanism of remediation of Cd-contaminated soil by novel biochars [J]. Environmental Science and Pollution Research, 2017, 24: 24844-24855.

[164] Yang L, Jiang W, Yao L, et al. Suitability of pyrolusite as additive to activated coke for low-temperature NO removal [J]. Journal of Chemical Technology & Biotechnology, 2018, 93 (3): 690-697.

[165] Ma Z, Yang Y, Jiang Y, et al. Enhanced degradation of 2, 4-dinitrotoluene in groundwater by persulfate activated using iron-carbon micro-electrolysis [J]. Chemical Engineering Journal, 2017, 311: 183-190.

[166] Okubo M, Kuroki T, Kawasaki S, et al. Continuous regeneration of ceramic particulate filter in stationary diesel engine by nonthermal-plasma-induced ozone injection [J]. IEEE Transactions on Industry Applications, 2009, 45 (5): 1568-1574.

[167] Lee D, Lee J C, Nam J Y, et al. Degradation of sulfonamide antibiotics and their in-

termediates toxicity in an aeration-assisted non-thermal plasma while treating strong wastewater [J] . Chemosphere, 2018, 209: 901-907.

[168] Mok Y S, Koh D J, Kim K T, et al. Nonthermal plasma-enhanced catalytic removal of nitrogen oxides over V_2O_5/TiO_2 and Cr_2O_3/TiO_2 [J] . Industrial & Engineering Chemistry Research, 2003, 42 (13) : 2960-2967.

[169] Kogelschatz U. Dielectric-barrier discharges: Their history, discharge physics, and industrial applications [J] . Plasma Chemistry and Plasma Processing, 2003, 23: 1-46.

[170] Obradović B M, Sretenović G B, Kuraica M M. A dual-use of DBD plasma for simultaneous NO_x and SO_2 removal from coal-combustion flue gas [J] . Journal of Hazardous Materials, 2011, 185 (2-3) : 1280-1286.

[171] Kuwahara T, Nishii S, Kuroki T, et al. Complete regeneration characteristics of diesel particulate filter using ozone injection [J] . Applied Energy, 2013, 111: 652-656.

[172] Liang J, Jiao Y, Jaroniec M, et al. Sulfur and nitrogen dual-doped mesoporous graphene electrocatalyst for oxygen reduction with synergistically enhanced performance [J] . Angewandte Chemie, 2012, 124 (46) : 11664-11668.

[173] Lai B, Zhou Y, Qin H, et al. Pretreatment of wastewater from acrylonitrile-butadiene-styrene (ABS) resin manufacturing by microelectrolysis [J] . Chemical Engineering Journal, 2012, 179: 1-5.

[174] Lai B, Zhou Y, Qin H, et al. Pretreatment of wastewater from acrylonitrile-butadiene-styrene (ABS) resin manufacturing by microelectrolysis [J] . Chemical Engineering Journal, 2012, 179: 6-7.

[175] Qi J, Lan H, Miao S, et al. $KMnO_4$-Fe (Ⅱ) pretreatment to enhance *Microcystis* aeruginosa removal by aluminum coagulation: Does it work after long distance transportation [J] . Water research, 2016, 88: 127-134.

[176] Qi J, Lan H, Liu R, et al. Prechlorination of algae-laden water: The effects of transportation time on cell integrity, algal organic matter release, and chlorinated disinfection byproduct formation [J] . Water Research, 2016, 102: 221-228.

[177] Miao J L, Li C B, Liu H H, et al. MnO_2/MWCNTs nanocomposites as highly efficient catalyst for indoor formaldehyde removal [J] . Journal of Nanoscience and Nanotechnology, 2018, 18 (6) : 3982-3990.

[178] Li Y, Yi C, Li J, et al. Experimental research on the sterilization of Escherichia coli and Bacillus subtilis in drinking water by dielectric barrier discharge [J] . Plasma Science and Technology, 2016, 18 (2) : 173.

[179] Li M, Zhu B, Yan Y, et al. A high-efficiency double surface discharge and its application to ozone synthesis [J] . Plasma Chemistry and Plasma Processing, 2018, 38:

1063-1080.

[180] Li M, Lou Z, Wang Y, et al. Alkali and alkaline earth metallic (AAEM) species leaching and Cu (Ⅱ) sorption by biochar [J] . Chemosphere, 2015, 119: 778-785.

[181] Li X, Liu L. Recent advances in nanoscale zero-valent iron/oxidant system as a treatment for contaminated water and soil [J] . Journal of Environmental Chemical Engineering, 2021, 9 (5) : 106276.

[182] Li Y, Yi R, Yi C, et al. Research on the degradation mechanism of pyridine in drinking water by dielectric barrier discharge [J] . Journal of Environmental Sciences, 2017, 53: 238-247.

[183] Hong Z, Chengwu Y I, Rongjie Y I, et al. Research on the degradation mechanism of dimethyl phthalate in drinking water by strong ionization discharge [J] . Plasma Science and Technology, 2018, 20 (3) : 035503.

[184] McEvoy J G, Zhang Z. Synthesis and characterization of Ag/AgBr-activated carbon composites for visible light induced photocatalytic detoxification and disinfection [J] . Journal of Photochemistry and Photobiology A: Chemistry, 2016, 321: 161-170.

[185] Minchin D. Aquaculture and transport in a changing environment: Overlap and links in the spread of alien biota [J] . Marine Pollution Bulletin, 2007, 55 (7-9) : 302-313.

[186] Mok Y S, Jo J O, Whitehead J C. Degradation of an azo dye Orange Ⅱ using a gas phase dielectric barrier discharge reactor submerged in water [J] . Chemical Engineering Journal, 2008, 142 (1) : 56-64.

[187] Zhu J, Mu S. Defect engineering in carbon-based electrocatalysts: Insight into intrinsic carbon defects [J] . Advanced Functional Materials, 2020, 30 (25) : 2001097.

[188] Petkovich N D, Stein A. Controlling macro-and mesostructures with hierarchical porosity through combined hard and soft templating [J] . Chemical Society Reviews, 2013, 42 (9) : 3721-3739.

[189] Qi G, Yang R T. Characterization and FTIR studies of MnO_x-CeO_2 catalyst for low-temperature selective catalytic reduction of NO with NH_3 [J] . The Journal of Physical Chemistry B, 2004, 108 (40) : 15738-15747.

[190] Rahimpour M, Taghvaei H, Rahimpour M R. Degradation of crystal violet in water solution using post discharge DBD plasma treatment: Factorial design experiment and modeling [J] . Chemosphere, 2019, 232: 213-223.

[191] Batakliev T, Georgiev V, Anachkov M, et al. Ozone decomposition [J] . Interdisciplinary Toxicology, 2014, 7 (2) : 47.

[192] Ravindra K, Sokhi R, van Grieken R. Atmospheric polycyclic aromatic hydrocar-

bons: source attribution, emission factors and regulation [J] . Atmospheric Environment, 2008, 42 (13) : 2895-2921.

[193] Shiying Y, Ao Z, Tengfei R E N, et al. Surface mechanism of carbon-based materials for catalyzing peroxide degradation of organic pollutants in water [J] . Progress in Chemistry, 2017, 29 (5) : 539.

[194] Zhang J, Shao X, Shi C, et al. Decolorization of Acid Orange 7 with peroxymonosulfate oxidation catalyzed by granular activated carbon [J] . Chemical Engineering Journal, 2013, 232: 259-265.

[195] Yang X, Yang S Y, Wang L L, et al. Activated carbon catalyzed persulfate oxidation of azo dye acid orange 7 in aqueous solution [J] . Huan Jing Ke Xue, 2011, 32 (7) : 1960-1966.

[196] Srinivasan R, Sorial G A. Treatment of perchlorate in drinking water: a critical review [J] . Separation and Purification Technology, 2009, 69 (1) : 7-21.

[197] Strayer D L. Alien species in fresh waters: ecological effects, interactions with other stressors, and prospects for the future [J] . Freshwater biology, 2010, 55: 152-174.

[198] Suh W H, Suslick K S, Stucky G D, et al. Nanotechnology, nanotoxicology, and neuroscience [J] . Progress in Neurobiology, 2009, 87 (3) : 133-170.

[199] Iijima S. Helical microtubules of graphitic carbon [J] . Nature, 1991, 354 (6348) : 56-58.

[200] Svrcek C, Smith D W. Cyanobacteria toxins and the current state of knowledge on water treatment options: A review [J] . Journal of Environmental Engineering and Science, 2004, 3 (3) : 155-185.

[201] Wang X, Zheng Y, Xu Z, et al. Low-temperature NO reduction with NH_3 over Mn-CeO_x/CNT catalysts prepared by a liquid-phase method [J] . Catalysis Science & Technology, 2014, 4 (6) : 1738-1741.

[202] Zhang Y, Zheng Y, Zou H, et al. One-step synthesis of ternary MnO_2-Fe_2O_3-CeO_2-Ce_2O_3/CNT catalysts for use in low-temperature NO reduction with NH_3 [J] . Catalysis Communications, 2015, 71: 46-50.

第3章

多相催化氧化降解甲苯废气

本章以甲苯作为有机废气中有机污染物的代表，通过探讨催化填料装填量、液气比、喷淋液初始 pH 值、气体停留时间、活性氧分子注入量以及初始污染物浓度对甲苯降解效果的影响，得到以填料喷淋塔为反应主体的多相催化氧化体系降解甲苯的最佳工艺参数。同时，通过探究多相催化氧化体系中羟基自由基对甲苯的氧化降解作用、多相催化氧化的作用机理以及降解过程中可能产生的副产物，分析了多相催化氧化处理甲苯废气的机理。

3.1 实验装置与实验方法

3.1.1 实验装置

有机废气多相催化氧化实验装置如图 3.1 所示，主要由配气系统、填料

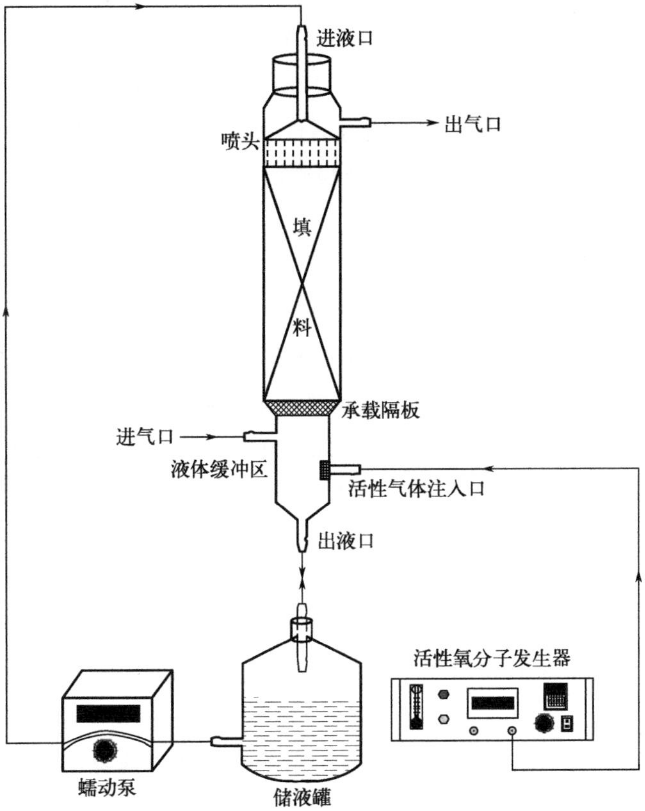

图 3.1　有机废气多相催化氧化实验装置

喷淋塔、储液罐、活性氧分子发生器组成。其中填料喷淋塔为实验的主体部分，其有效尺寸为ϕ900mm×770mm，材料为高硼硅玻璃，设置有填料区、液体缓冲区、进气口、出气口、活性气体注入口、进液口及出液口。另外，通过设计的塔身变径可在填料喷淋塔内部构建出一个空心的承载平台以及底部的液体缓冲区。在承载平台上采用耐腐蚀的钛网作为支撑，可稳定承载固相催化填料的同时允许气体及液体顺利通过。底部的液体缓冲区在阀门的配合下可调节液面高度，防止气体逸散。配气系统中形成的模拟废气以及活性氧分子发生器产生的活性气体分别由喷淋塔下端的进气口和活性气体注入口进入，自下而上流经催化填料区，从喷淋塔上端的出气口排出。蠕动泵将储液罐中的喷淋液泵入喷淋塔上端的进液口，并通过喷头扩散自上而下喷洒，能够与自下而上的气体充分接触，最后再通过底端的出液口排出回到储液罐，从而构成一个完整的液相循环。甲苯通过配气系统控制。

实验所涉及的铁碳催化剂填料将复合铁、碳、金属盐等均匀包含在内，通过高温炉窑烧结使填料内部形成同素异构结晶铁素体，将零价铁和活性炭烧结在一起，使两者不易分离，铁碳填料球外观呈椭圆状，规格为3cm×5cm，密度为$1.3t/m^3$，比表面积为$1.2m^2/g$。实验所涉及的炭基催化剂以活性炭为载体，其上负载了铁、锰等活性物质，外形为圆柱状颗粒，规格为6mm×10mm，密度为$0.6t/m^3$，堆积密度为650～750g/L。

3.1.2 实验方法

在甲苯浓度检测方面，采用ppbRAE 3000＋型手持式有机气体检测仪（美国华瑞）测量进气口处的甲苯浓度，采用配备有氢火焰离子化检测器（FID）的FL9790型气相色谱仪（浙江福立）测量出气口处的甲苯浓度。

在铁离子浓度检测方面，采用邻菲啰啉分光光度法（HJ/T 345—2007）。

实验采用8890-5977B型气相色谱-质谱联用仪（美国安捷伦）进行甲苯降解中间产物的分析。

实验采用Empyrean型X射线衍射仪（荷兰帕纳科）对催化剂的物相组分进行分析。

实验采用CLARA型超高分辨场发射扫描电镜（捷克泰思肯）对催化剂进行观察分析。

废气中甲苯的去除率按式(3.1)计算：

$$\eta_t = \frac{C_0 - C_t}{C_0} \times 100\% \tag{3.1}$$

式中 η_t——反应 t 时间时的污染物去除率；

C_0——进气口污染物浓度；

C_t——反应 t 时间时的出气口污染物浓度。

3.2 催化填料装填量对甲苯降解效果的影响

催化填料作为主要耗材之一，探究其装填量对甲苯降解效果的影响于控制运行及操作成本而言是十分必要的。实验控制风量为30L/min、甲苯浓度为50mg/m^3、停留时间为6s、液气比为15L/m^3、活性氧分子注入量为30mg/(L·min)，并以初始pH值为7.5的2L水作为喷淋液，进行240min的连续反应。分别调整铁碳及炭基催化填料装填量为0L、1.5L、2L、2.5L来探究装填量对甲苯降解的影响，并采用填充聚乙烯填料球的方式来保证喷淋塔的填充量始终为3.0L。

催化填料装填量对甲苯降解率的影响如图3.2所示。

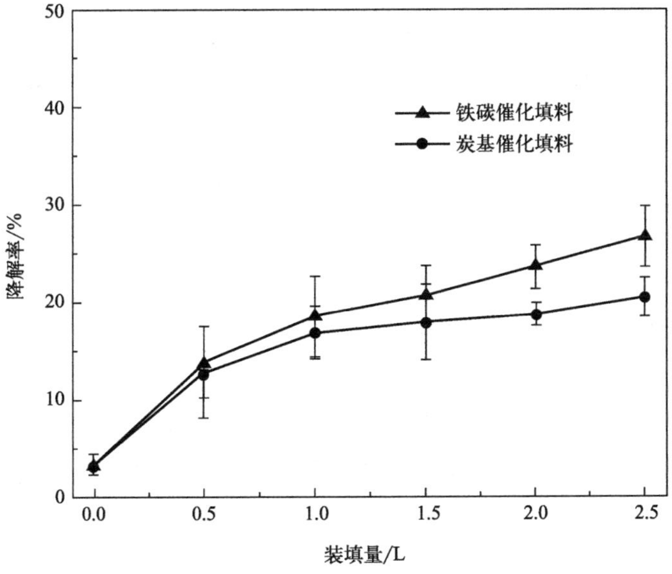

图3.2 催化填料装填量对甲苯降解率的影响

活性氧分子虽氧化能力强，但有着选择性强、反应速度慢的特点，在气相中对甲苯进行直接降解的程度非常有限。另外，甲苯水溶性较差，喷淋液对甲苯的吸收效果具有局限性。因此，在催化填料装填量为 0L 仅使用聚乙烯填料球填充时，仅有活性氧分子直接氧化和喷淋液吸收的作用下，只有极小一部分甲苯被降解去除，甲苯的降解率在 3.3%左右。添加的催化填料可使活性氧分子在中性甚至酸性条件下分解而产生大量·OH，随着催化填料装填量的增加，表面活性位点也随之增加，更多的活性氧分子也随之被催化氧化并分解而产生更多的·OH。催化填料装填量从 0L 增加至 2.5L 时，甲苯的降解率也从 3.3%分别提升到了 26.7%（铁碳催化剂）、20.5%（炭基催化剂）。炭基催化剂属于非均相催化剂，是以活性炭为载体将金属氧化物负载在其上，被吸附于催化剂表面的活性氧分子在活性金属氧化物的催化作用下分解而产生·OH，从而对废气中的甲苯进行氧化去除。然而，铁碳催化填料因自身存在微电解反应的特点，对甲苯的降解存在更多途径。一方面，Fe/C 体系存在电位差而形成的微电解反应会析出新生态［H］和 Fe^{2+}，新生态［H］具有很高的还原活性，能够通过氧化还原反应对甲苯起到降解的作用，固相铁碳催化填料还能作为非均相催化剂对活性氧分子进行催化氧化生成·OH。另外，铁碳催化填料中的零价铁作为阳极，在电化学反应的过程中会析出 Fe^{2+}，Fe^{2+} 及其氧化形成的 Fe^{3+} 进入液相后也能通过均相催化的途径将溶解态活性氧分子催化氧化并产生大量·OH，在·OH 无选择性的强氧化能力下吸收进入液相的甲苯也能被有效地氧化去除。对于利用活性氧分子注入与固相催化填料结合形成的多相催化氧化技术降解去除废气中的甲苯污染物而言，装填铁碳催化填料有着比装填炭基催化填料更好的效果，故选择装填铁碳催化填料 2.5L 进行后续实验。

3.3 液气比对甲苯降解效果的影响

对于喷淋塔而言，液气比（L/G）是一个相当重要的控制参数，其值大小能影响喷淋液与废气相互接触的充分程度。实验控制风量为 30L/min、甲苯浓度为 50mg/m^3、停留时间为 6s、铁碳催化填料装填量为 2.5L、活性氧分子注入量为 30mg/(L·min)，并以初始 pH 值为 7.5 的 2L 水作为喷淋液，进行 240min 的连续反应。分别调整液气比为 5L/m^3、10L/m^3、15L/m^3、20L/m^3，以此探究液气比对甲苯降解的影响。

液气比对甲苯降解率的影响如图3.3所示。

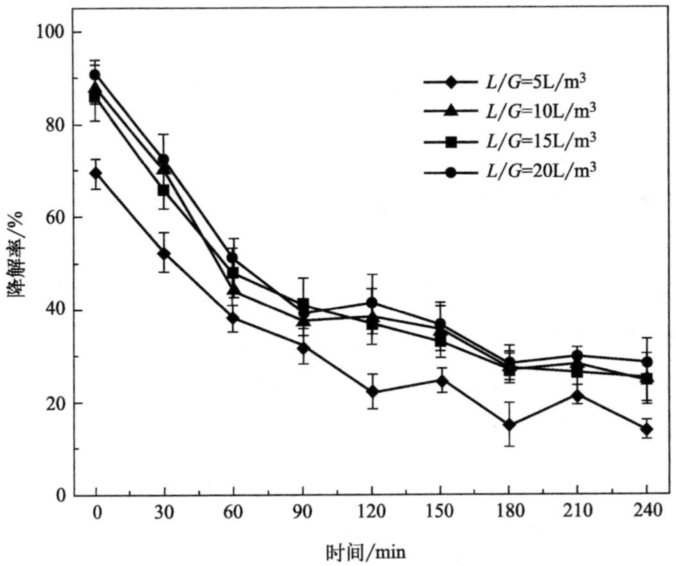

图3.3 液气比对甲苯降解率的影响

反应初期，由于甲苯从气相转移到液相的传质阻力小，铁碳催化填料表面空位丰富，喷淋液、铁碳催化填料对甲苯的吸收、吸附作用明显。因此，在反应刚刚开始的时候，除了液气比为5L/m^3以外，体系对甲苯的降解率均维持在88%左右。随着反应的进行，甲苯从气相转移至液相的传质阻力迅速增大，铁碳催化填料表面空位减少，甲苯降解率开始迅速降低。然而，随着反应时间的推进，铁碳微电解反应趋于稳定，Fe^{2+}析出进入液相的量增加，液相中的铁离子对活性氧分子的均相催化氧化加强，提升了体系中·OH的产生速率。随后，当Fe^{2+}的析出与沉淀达到一个相对平衡的阶段时，甲苯的降解率也趋于稳定。随液气比从5L/m^3提升至10L/m^3，相对平稳状态下的甲苯降解率提高了11.4个百分点，而从10L/m^3提升至20L/m^3时仅提高了3.4个百分点。因实验所用蠕动泵的压力和喷头的雾化程度有限，在液气比为5L/m^3时喷淋液扩散程度相当小，从而导致喷淋液与废气及铁碳催化填料的接触非常不充分。当液气比增大到10L/m^3时喷射压力达到一定强度后，喷淋液的扩散程度较好，能够覆盖整个填料区。

理论上，随着液气比的增加，喷淋液对铁碳催化填料表面冲刷程度加强

从而携带出更多 Fe^{2+} 进入液相中，同时也扩大了气-液、液-固两相之间有效接触面积，能够在一定程度上提高对废气中污染物的降解。然而，因甲苯水溶性差、实验设备物雾化程度有限等原因，液气比从 $10L/m^3$ 提升至 $20L/m^3$ 后对甲苯降解率的影响并不十分显著。并且，当液气比增加到 $20L/m^3$ 时还会在出气口处出现冷凝水剧增的问题。因此，选择液气比为 $15L/m^3$ 进行后续实验。

3.4 喷淋液初始 pH 值对甲苯降解效果的影响

喷淋液的 pH 值不仅会在较大程度上影响铁碳微电解反应的效果，还会影响活性氧分子在液相中的氧化分解，以及铁离子在液相中的存在形式。并且，活性氧分子氧化和铁碳微电解在达到各自最佳处理效果时对 pH 值的要求恰好相反，因此明确喷淋液初始 pH 值对多相催化氧化体系内甲苯降解效果的影响是十分重要的。实验控制风量为 30L/min、甲苯浓度为 $50mg/m^3$、停留时间为 6s、铁碳催化填料装填量为 2.5L、活性氧分子注入量为 30mg/(L·min)，并以 2L 水作为喷淋液，进行 240min 的连续反应。分别调整初始 pH 值为 4、5、6、7，以此探究喷淋液初始 pH 值对甲苯降解的影响。

喷淋液初始 pH 值对甲苯降解率的影响如图 3.4 所示，不同初始 pH 值条件下反应后喷淋液 pH 值与铁离子浓度如图 3.5 所示。

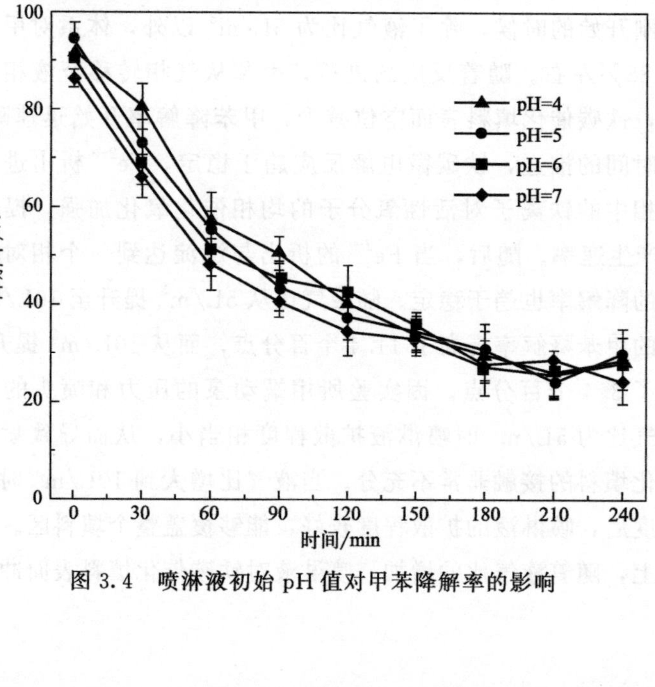

图 3.4 喷淋液初始 pH 值对甲苯降解率的影响

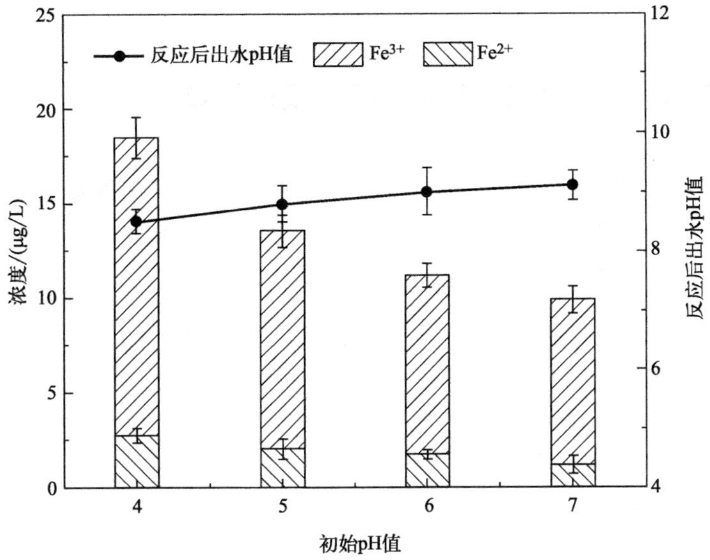

图 3.5　不同初始 pH 值条件下反应后喷淋液 pH 值与铁离子浓度

在反应开始的前 60min 中，初始 pH 值越低体系对甲苯降解效果相对越好。说明在活性氧分子注入与铁碳催化填料耦合而成的多相催化氧化体系中，反应前期对甲苯降解起到主导性作用的是铁碳催化填料的微电解作用，喷淋液初始 pH 值越低，可创造出一个有利于微电解反应的酸性环境，能够加强电化学作用并以较快速度析出更多的 Fe^{2+} 和新生态［H］，可对甲苯进行有效降解。然而，在反应逐渐推进的过程中，喷淋液初始 pH 值对甲苯降解率的影响越来越小。说明了随着反应的进行，喷淋液中的 H^{+} 逐渐被消耗，喷淋液 pH 值增大，铁碳微电解反应逐渐受到限制，反而促进了活性氧分子与铁碳催化填料的催化氧化对 ·OH 的生成，并使之在体系对甲苯降解中起主导性作用。

综合图 3.5 可知，喷淋液初始 pH 值偏低的情况下会有更多 Fe^{2+} 析出，从而增加了喷淋液中铁离子的含量，但液相中增加的铁离子并不会在整个反应进程中显著改善体系对甲苯的降解，反而造成了铁碳催化填料中零价铁的加速流失，缩短了铁碳催化填料的使用寿命。另外，初始 pH 值的改变对反应后出水 pH 值的影响不大。因此，在利用活性氧分子注入与铁碳催化填料耦合的多相催化氧化体系降解甲苯废气的过程中，不需要像单独铁碳微电解反应那样额外投加酸液来维持液相的酸性环境，在很大程度上降低了此体系的运行成本，增加了其在实际工程应用上的适用性。

3.5 气体停留时间对甲苯降解效果的影响

气体停留时间作为使用填料喷淋塔处理废气时的一个重要工艺参数，会在很大程度上影响废气中污染物在填料喷淋塔中的降解效果。实验控制风量为 30L/min、甲苯浓度为 50mg/m^3、液气比为 15L/m^3、单级塔铁碳催化剂装填量为 2.5L、活性氧分子注入量为 30mg/(L·min)，并以初始 pH 值为 7.5 的 2L 水作为喷淋液，进行 240min 的连续反应。分别通过增加喷淋塔级数至 1 级、2 级、3 级来控制气体停留时间为 6s、12s、18s，以此探究气体停留时间对甲苯降解效果的影响。

气体停留时间对甲苯降解率的影响如图 3.6 所示。

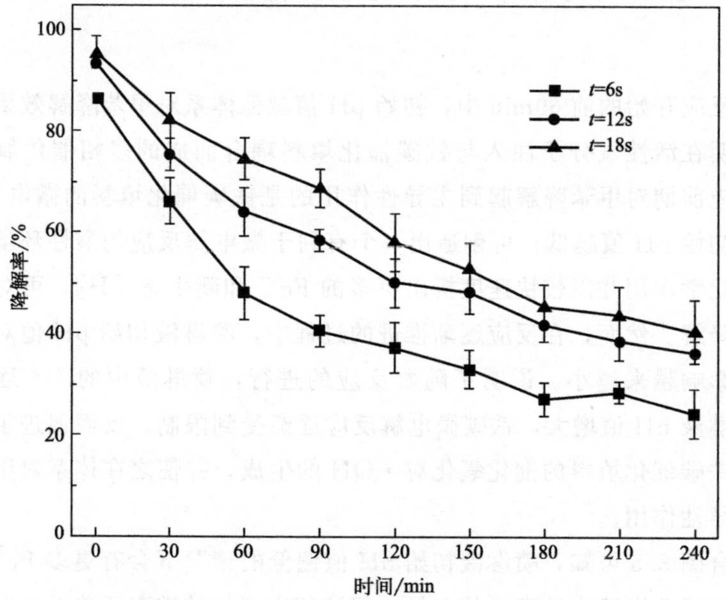

图 3.6 气体停留时间对甲苯降解率的影响

随着气体停留时间的增加，废气能够在喷淋塔中与喷淋液和铁碳催化填料更为充分地接触，从而使得甲苯降解率随气体停留时间的增加而提升。气体停留时间从 6s 增加到 12s 时，甲苯降解率从 27.3%提升至 38.8%，增加了 11.5 个百分点。但当气体停留时间从 12s 增加到 18s 时，甲苯降解率仅从 38.8%提升至 43.5%，仅增加了 4.7 个百分点。这可能是由于注入量为 30mg/(L·min) 的活性氧分子在前两级塔内已被消耗，增加第三级喷淋塔后·OH 产生量并无显著变化，只是单纯提升了铁碳催化填料的吸附及微电解效果。因此，本着处理高效且经济的原则选择气体停留时间为 12s 进行后续实验。

3.6 活性氧分子注入量对甲苯降解效果的影响

活性氧分子作为参与体系中污染物降解的氧化剂，探究其注入量对降解效果的影响非常重要。实验控制风量为 30L/min、甲苯浓度为 50mg/m^3、液气比为 15L/m^3、单级铁碳催化剂装填量为 2.5L、气体停留时间为 12s，并以初始 pH 值为 7.5 的 2L 水作为喷淋液，进行 240min 的连续反应。分别调整活性氧分子注入量为 20mg/(L·min)、30mg/(L·min)、40mg/(L·min)、50mg/(L·min)，以此探究活性氧分子注入量对甲苯降解效果的影响。

活性氧分子注入量对甲苯降解率的影响如图 3.7 所示。

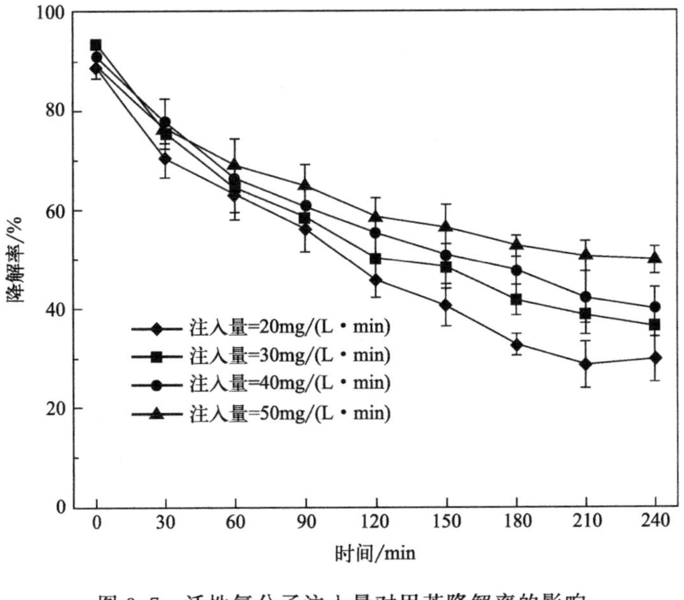

图 3.7　活性氧分子注入量对甲苯降解率的影响

由于反应前期是以喷淋液吸收、铁碳催化填料吸附及微电解反应为主导的，故随着活性氧分子注入量的增加甲苯降解率在反应开始的前 60min 内无显著的变化。随着反应的持续推进，活性氧分子注入与铁碳催化填料耦合形成的多相催化氧化体系逐渐被由活性氧分子催化分解产生的·OH 氧化所主导，使得活性氧分子注入量的增加对甲苯降解率的影响愈发显著。活性氧分子量从 20mg/(L·min) 增加到 50mg/(L·min) 时，反应平稳时甲苯降解率从 28.7%提升至 50.5%。

活性氧分子注入量的增加对甲苯降解率的提升主要通过以下 3 个方面：

① 提高了活性氧分子与废气中甲苯污染物的接触概率，进而更有利于活性氧分子在气相中对甲苯直接氧化降解；

② 增加了活性氧分子液与喷淋液的接触，使更多的活性氧分子溶解进入喷淋液中，在铁离子作为均相催化剂的条件下产生更多的·OH 参与对甲苯的降解；

③ 增加了活性氧分子与固相铁碳催化填料的接触，在复合催化的作用下也会产生更多的·OH 参与对甲苯的降解。

为达到最佳的降解效果，在后续均采用 50mg/(L·min) 的活性氧分子注入量进行实验。

3.7 初始污染物浓度对甲苯降解效果的影响

为进一步明确初始污染物浓度对多相催化氧化体系处理效果的影响，实验控制风量为 30L/min、活性氧分子注入量为 50mg/(L·min)、液气比为 15L/m^3、单级铁碳催化装填量为 2.5L、气体停留时间为 12s，并以初始 pH 值为 7.5 的 2L 水作为喷淋液，进行 240min 的连续反应。分别调整甲苯初始浓度为 50mg/m^3、100mg/m^3、150mg/m^3、200mg/m^3，以此探究污染物初始浓度对甲苯降解效果的影响。

污染物初始浓度对甲苯降解率的影响如图 3.8 所示。

多相催化氧化体系对甲苯的降解率随着初始浓度的增加而显著提升，初始浓度从 50mg/m^3 增加至 200mg/m^3 后，反应平稳时甲苯降解率从 50.5% 提升至 63.2%。这是由于初始浓度增加的同时也提高了甲苯从气相转移至液相的传质速率，并增加了甲苯分子与活性氧分子、·OH、[H] 等活性物质的碰撞概率，使得废气中的甲苯在多相催化氧化体系中通过吸收、氧化还原等途径被更好地降解去除。

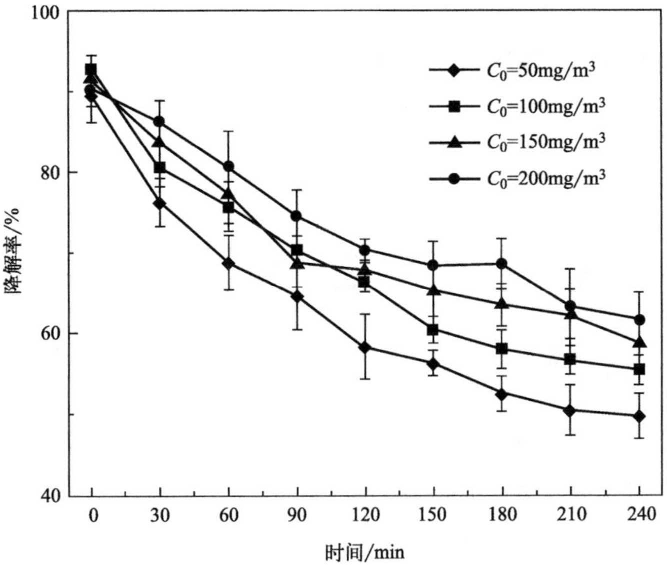

图 3.8 污染物初始浓度对甲苯降解率的影响

3.8 多相催化氧化处理甲苯废气的机理

3.8.1 羟基自由基的氧化作用

羟基自由基（·OH）具有强氧化性，能够通过电子转移、亲电加成、脱氢等一系列反应将有机污染物矿化为 CO_2、H_2O 以及其他无毒无害的小分子物质，能够对污染物进行无选择性的彻底氧化降解。另外，相关研究表明异丙醇（IPA）作为良好的自由基猝灭剂，能够对·OH 进行有效捕获并使其不能对其他物质进行氧化。因此，本研究以向喷淋液中添加 IPA 的形式来探究在活性氧分子注入与铁碳催化填料耦合形成的多相催化氧化体系中·OH 对甲苯降解发挥的作用。实验控制风量为 30L/min、甲苯浓度为 50mg/m^3、活性氧分子注入量为 50mg/(L·min)、液气比为 15L/m^3、单级铁碳催化填料装填量为 2.5L、气体停留时间为 12s，并以初始 pH 值为 7.5 的 2L 水作为喷淋液，随后向喷淋液中投加 IPA 使其浓度为 200mg/L，进行了 6 组实验，包括单独活性氧分子注入、单独活性氧分子注入＋IPA、单独铁碳催化填料、单独铁碳催化填料＋IPA、多相催化氧化、多相催化氧化

+IPA。

投加 IPA 对甲苯降解效果的影响如图 3.9 所示。

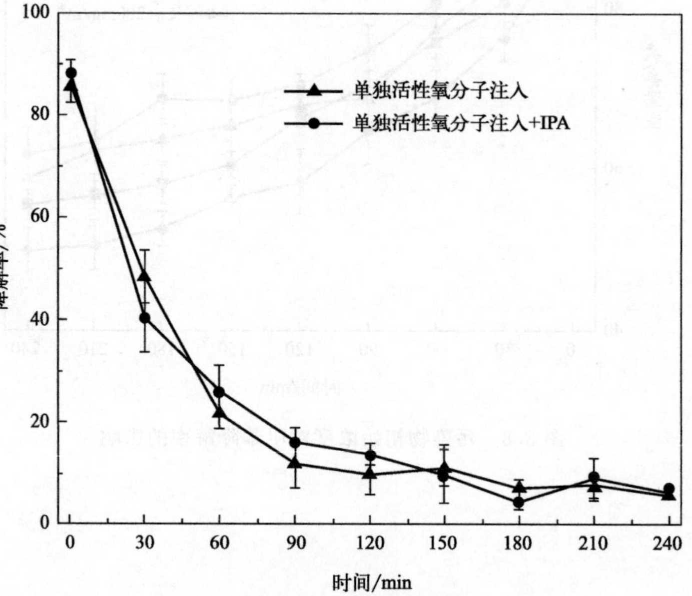

(a) 单独活性氧分子注入

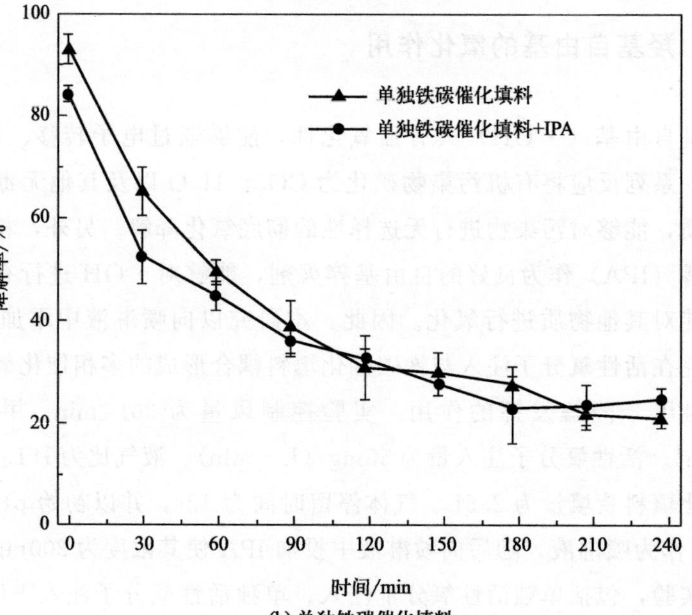

(b) 单独铁碳催化填料

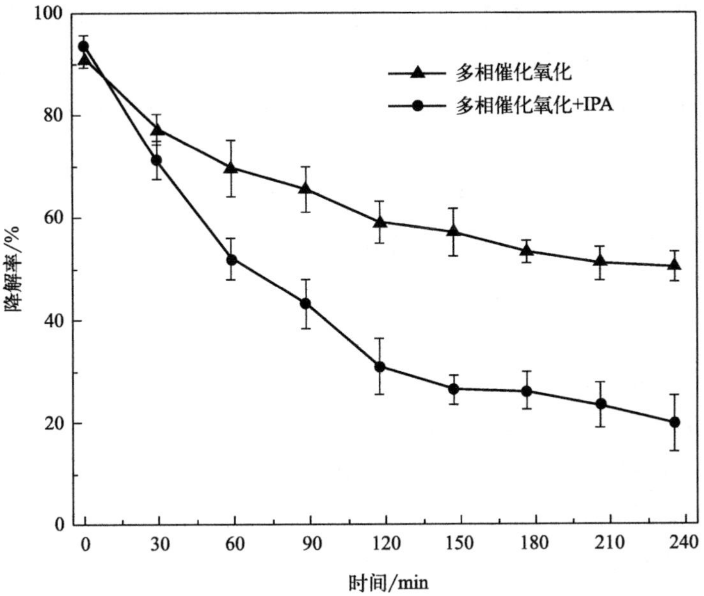

(c) 多相催化氧化

图 3.9　投加 IPA 对甲苯降解效果的影响

单独活性氧分子注入与单独活性氧分子注入＋IPA 的甲苯降解率无明显差异，这说明在无催化填料的单独活性氧分子注入情况下，填料喷淋塔内没有大量·OH 生成，体系对甲苯的降解更多在于喷淋液吸收以及活性氧分子的直接氧化。单独铁碳催化填料与单独铁碳催化填料＋IPA 相比，甲苯降解率也无明显变化，这说明在无活性氧分子注入的单独铁碳微电解情况下填料喷淋塔内没有大量·OH 生成，体系对甲苯的降解更多在于喷淋液的吸收作用以及铁碳催化填料所携带的电化学作用、氧化还原作用、吸附作用和絮凝沉淀作用等。多相催化氧化与多相催化氧化＋IPA 相比，甲苯降解率有显著的差异，反应平稳期甲苯的降解率从 50.5％下降至 23.2％。这说明在活性氧分子注入与铁碳催化填料耦合形成的多相催化氧化体系中，填料喷淋塔内有大量·OH 生成，同时也说明这些大量生成的·OH 在体系对甲苯的降解中起到了关键性的主导作用。

3.8.2　活性氧分子/铁碳催化填料耦合形成的多相催化氧化体系作用机理

多相催化氧化技术在活性气体、喷淋液、固相铁碳催化填料的叠加作用下实现，甲苯废气的降解不仅实现于活性氧分子直接氧化、零价铁还原、活性炭吸附等独立作用过程中，更实现于气、液、固多相内同时进行的多种活性物质协同作用的过程中，特别是活性氧分子催化分解生成·OH 的氧化降解作用。

体系内的作用机理（如图 3.10 所示）包括：

① 活性氧分子与微电解协同作用；

② 微电解电化学作用；

③ 活性氧分子与零价铁协同作用；

④ 活性氧分子与活性炭协同作用；

⑤ 活性氧分子直接氧化作用；

⑥ 溶解活性氧分子与铁离子协同作用；

⑦ 絮凝沉淀作用；

⑧ 活性氧分子与水力空化协同作用。

其中，最为主要的是微电解电化学作用、活性氧分子与微电解协同作用和活性氧分子与铁离子协同作用。

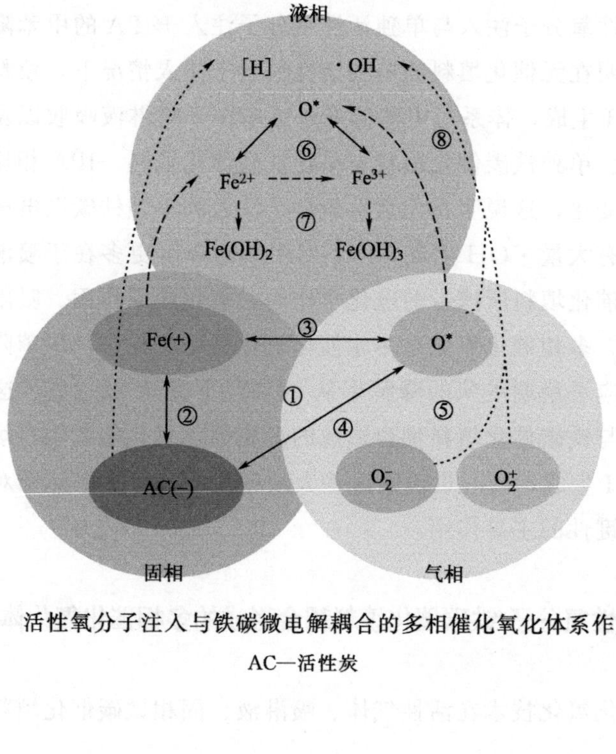

图 3.10 活性氧分子注入与铁碳微电解耦合的多相催化氧化体系作用机理

AC—活性炭

(1) 微电解电化学作用

微电解电化学作用主要是铁碳催化填料内部形成的无数个微电池而引发的一系列氧化还原反应。这一系列作用的原理主要是基于微电池的电子转移过程，使得阳极与阴极附近发生了相关的电化学反应，且在酸性有氧的条件下阴阳两极之间电化学反应的电位差较大，析出 Fe^{2+} 和［H］的速率更快，从而有助于促进对污染物的降解。作为阳极的零价铁被氧化为 Fe^{2+}，作为阴极的活性炭会析出［H］，这两种物质均能与喷淋液中所吸收的污染物发生还原反应。随着铁碳微电解引发的电化学过程持续进行一段时间后，会持续生成氧化剂（O_3 和 H_2O_2）、自由基（·OH 和 O·），两者会对污染物进行氧化降解。在电化学反应进行的过程中，从固相铁碳催化填料中析出而进入喷淋液的 Fe^{2+} 和 Fe^{3+} 会越来越多，并且因 H^+ 被不断消耗而使喷淋液的 pH 值逐渐升高。因此，在铁碳微电解电化学过程进行的后期，Fe^{2+} 和 Fe^{3+} 易生成 $Fe(OH)_2$ 和 $Fe(OH)_3$ 沉淀物，此沉淀物可作为絮凝剂发挥一定的作用，特别是可与含羧酸的有机物（如甲苯降解的中间产物苯甲酸）紧密相连从而达到去除其的目的。反应后期的喷淋液处于中性或碱性，微电解的电化学反应速率减缓，所析出的 Fe^{2+} 减少，从而抑制了微电解电化学作用对污染物的降解。

(2) 活性氧分子与微电解协同作用

铁碳催化填料中因含有存在电位差的 Fe、C 两种元素而在液相介质中可形成微电解效应，其作用原理与原电池电解过程相似，但将活性氧分子注入铁碳微电解体系后会改变原有的电化学反应过程，将本身基于还原作用的铁碳微电解体系转变为强氧化作用与还原作用兼具的氧化还原体系。另外，铁碳催化剂填料还可作为非均相催化剂催化活性氧分子，使其分解产生·OH。

在废水处理的研究中，活性氧分子常与过氧化氢、UV/TiO_2 等联用，特别是臭氧与过氧化氢的联用能在较大程度上提升废水中有机污染物的去除率。O_3 与 H_2O_2 两种氧化剂能够直接发生反应生成具有强氧化性的·OH，并且无任何二次污染物生成，主要的副产物仅为水和二氧化碳。臭氧与过氧化氢（O_3/H_2O_2）联用技术作为一种有效且安全的高级氧化技术广泛应用于水处理领域。相关研究还将电解技术引入，能够在原位产生 H_2O_2，以此替代传统 O_3/H_2O_2 额外投加过氧化氢的形式，从而规避了过氧化氢在运输、储存、投加过程中所存在的安全隐患。相关研究表明，臭氧与电解相耦合所形成的体系能够通过 O_3 与电解生成的 H_2O_2 反应生成大量·OH。如图 3.11 所示，相似的反应也存在于活性氧分子注入与铁碳催化填料结合的多相催化氧化体系中，零价铁（ZVI）和颗粒活性炭（GAC）存在电位差导致在阴极（AC）和阳极（Fe）之间形成类似电解的反应过程，阴极可在酸性有氧环境下通过电化学反应将 O_2 与 H^+ 结合生成 H_2O_2，而后 H_2O_2 再直接与所注入的活性氧分子反应并分解生成氧化性更强的 ·OH，这有助于提高体系对污染物的降解能力。

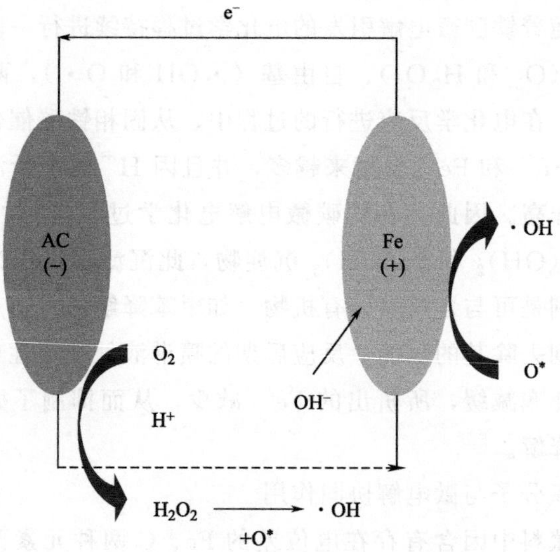

图 3.11 活性氧分子与微电解协同作用机理

此外，在活性氧分子与铁碳微电解耦合的多相催化氧化体系中，铁碳催化填料的微电解效应除了发挥上述作用外，还可作为以活性炭为载体、以零价铁及其氧化物为活性组分的非均相催化剂，发挥催化氧化活性氧分子的功能，由此便构成了活性氧分子非均相催化氧化体系。

目前，相关研究提出，污染物在臭氧非均相催化氧化体系中可能存在以下 3 种降解机理：

① 活性氧分子被化学吸附到催化剂表面后分解生成具有强化学活性的物质，这些物质可进一步与被物理吸附于催化剂表面的污染物分子发生反应；

② 污染物分子被化学吸附到催化剂表面并分解成小分子物质，而后被气相及液相中的活性氧分子进一步氧化降解；

③ 污染物分子与臭氧分子都被化学吸附于催化剂表面，彼此之间在催

化剂吸附位点进行氧化降解反应。

铁碳催化填料非均相催化氧化活性氧分子作用机理如图 3.12 所示。

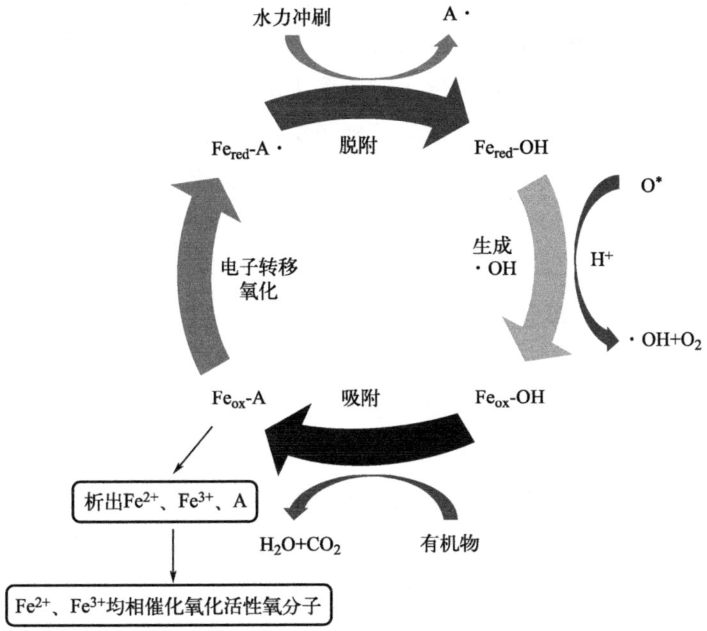

图 3.12 铁碳催化填料非均相催化氧化活性氧分子作用机理

① 填料表面所负载的 Fe 以及所吸附的 Fe^{2+} 与 OH^- 结合生成还原性的 Fe_{red}-OH，与此同时所吸附的活性氧分子在氧化 Fe_{red}-OH 生成 Fe_{ox}-OH 的过程中自身分解并生成·OH；

② Fe_{ox}-OH 将污染物（如有机分子 HA）表面吸附形成 Fe_{ox}-A，一部分 Fe_{ox}-A 通过电子转移氧化的形式转化为 Fe_{red}-A·，另一部分 Fe_{ox}-A 则会在水力冲刷的作用下从铁碳催化填料表面脱落并将 Fe^{2+}、Fe^{3+} 释放到液相中，Fe^{2+} 和 Fe^{3+} 则会作为均相催化剂对活性氧分子进行催化氧化反应生成·OH；

③ Fe_{red}-A·上的 A·脱附后再被活性氧分子和·OH 氧化，进而完成了污染物的降解以及催化剂的原位再生。

(3) 活性氧分子与铁离子协同作用

Fe^{2+}/Fe^{3+} 可促进液相溶解态活性氧分子分解，同时也通过均相催化作用产生更多的·OH，从而强化活性氧分子的氧化能力和多相催化氧化体系对污染物的去除能力。随着活性氧分子注入与铁碳催化填料耦合的多相催化氧化体系中反应的推进，Fe^{2+} 和 Fe^{3+} 从铁碳催化填料表面不断被冲刷下来，从而对铁碳催化填料造成了消耗。另外，随着液相体系 pH 值逐渐升高，析出的 Fe^{2+} 和 Fe^{3+} 都能通过水解反应生成氢氧化物沉淀［$Fe(OH)_2$ 和 $Fe(OH)_3$ 等］，这些铁离子的氢氧化物沉淀一方面可发挥絮凝混凝作用对液相中的有机污染物进行一定程度上的吸附去除，但在另一方面其也可能会沉淀附着在铁碳催化填料表面，成为填料板结钝化的主要原因。因此，需要对铁碳催化填料进行定期投加或及时更新，以保证多相催化氧化体系的处理效果。

3.8.3 多相催化氧化中甲苯的降解过程

根据其他相关研究结果推测，基于活性氧分子注入和铁碳微电解的多相催化氧化体系对甲苯废气进行处理后，产生的降解中间产物不会随尾气排出，而是保留在液相之中，说明此方法能够在处理废气中的有机恶臭污染物时有效地规避二次空气污染问题。使用 GC-MS 对反应后的喷淋水进行降解中间产物的定性鉴定，分析结果如表 3.1 所列。

表 3.1 甲苯降解过程中可能产生的中间产物

中间产物	分子量	分子式
苯甲酸	122	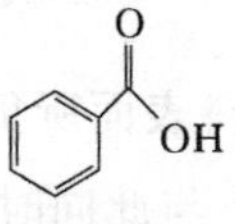
苯甲醇	108	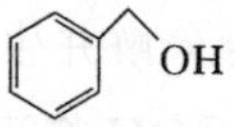
苯甲醛	106	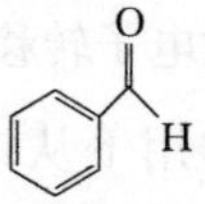

多相催化氧化体系中甲苯降解的中间产物主要包括苯甲醇、苯甲醛和苯甲酸。在活性气体、铁碳催化填料和喷淋液的多重作用下，甲苯能够在气、液、固多相内与多种活性物质接触并反应，特别是与活性氧分子催化分解所生成的·OH 进行反应。首先，·OH 等活性物质对甲苯的攻击会先从甲苯上的—CH_3 开始，甲苯在·OH 等活性物质的氧化作用下转化成苯甲醇、苯

甲醛，两者再进一步被氧化生成苯甲酸。苯甲酸还有可能继续被·OH 氧化开环，最终彻底转化为无害的 CO_2 和 H_2O。活性氧分子注入与铁碳微电解耦合形成的多相催化氧化体系中甲苯可能发生的反应过程具体如图 3.13 所示。

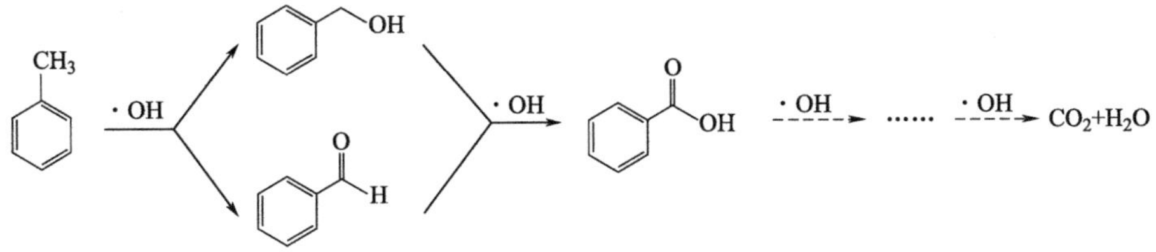

图 3.13 多相催化氧化体系中甲苯可能的降解路径

3.8.4 铁碳催化填料 SEM、 XRD 表征

分别对使用前后的铁碳催化填料进行 SEM、XRD 表征分析，结果如图 3.14、图 3.15 所示。使用前的铁碳催化填料疏松多孔，能够对污染物和活性氧分子进行有效吸附。随着使用频次增加，再生效果变差，表面被生成的副产物覆盖，会严重影响铁碳催化填料的效果。使用后的铁碳催化填料中

(a) 使用前 (b) 使用后

图 3.14 使用前后铁碳催化填料的 SEM 图

C 含量和 Fe 含量明显减少，说明随着微电解反应的进行，铁离子从填料表面持续析出进入液相，铁碳催化填料结构变得松散，与零价铁烧结在一起的活性炭也随着水流冲刷而脱落。因此，为保证活性氧分子注入与铁碳催化填料耦合的多相催化氧化技术的处理效率，需要及时对体系内的铁碳催化填料进行补充或更换。

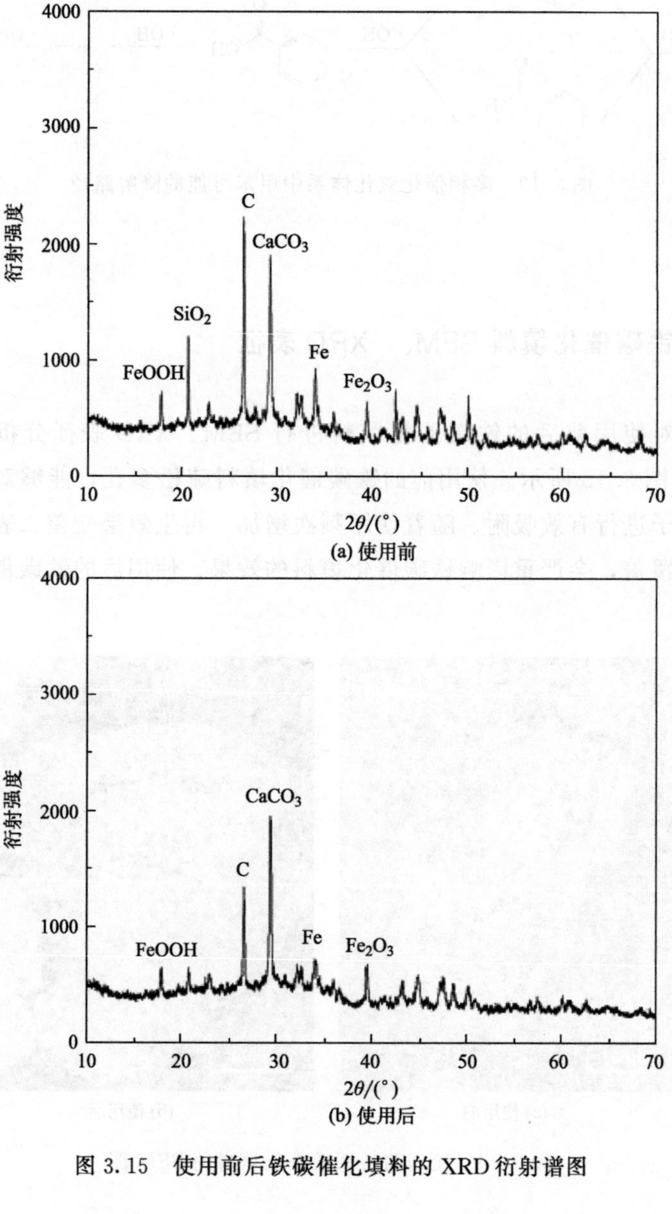

图 3.15 使用前后铁碳催化填料的 XRD 衍射谱图

本章介绍了多相催化氧化对甲苯有机污染物的降解，得出的主要结论如下：

① 当催化填料装填量从 0L 增加至 2.5L 时，相对平稳状态下甲苯的降解率也从 3.3%分别提升到了 26.7%（铁碳催化剂）、20.5%（炭基催化剂）。液气比的变化对甲苯的降解无显著影响，液气比从 5L/m^3 提升至 10L/m^3 时相对平稳状态下的甲苯降解率提高了 11.4 个百分点，而从 10L/m^3 提升至 20L/m^3 时仅提高了 3.4 个百分点。在反应前期，初始 pH 值降低在一定程度上提升了甲苯的降解率，随着反应的持续推进初始 pH 值的变化对甲苯降解率并无明显影响。气体停留时间从 6s 增加到 12s、18s 后，反应平稳时甲苯的降解率从 27.3%提升至 38.8%、43.5%。当活性氧分子量从 20mg/(L·min) 增加到 50mg/(L·min) 时，反应平稳时甲苯降解率从 28.7%提升至 50.5%。当初始浓度从 50mg/m^3 增加至 200mg/m^3 时，反应平稳时甲苯降解率也从 50.5%提升至 63.2%。

② 活性氧分子注入和铁碳催化填料耦合形成的多相催化氧化体系能够生成大量·OH，这些·OH 在体系对甲苯降解的过程中发挥了主导性的作用。多相催化氧化技术在活性气体、喷淋液、固相铁碳催化填料等多重作用下实现，甲苯的降解发生于气、液、固多相内多种活性物质的协同作用过程中，特别是活性氧分子催化分解所生成·OH 的氧化作用。甲苯降解的过程中产生的中间产物包括苯甲醇、苯甲醛和苯甲酸。使用后的铁碳催化填料表面被降解副产物覆盖，填料中的活性炭和零价铁也随反应的持续推进而消耗。

参考文献

[1] 包国峰. 非均相电-Fenton 法处理芳香类有机污染物研究［D］. 天津：天津大学，2020.

[2] 刘莹，何宏平，吴德礼，等. 非均相催化臭氧氧化反应机制［J］. 化学进展，2016，28（7）：1112-1120.

[3] 邱子珂. 多相催化氧化处理污泥干化废气的研究［D］. 广州：中山大学，2021.

[4] Alaton I A，Balcioglu I A，Bahnemann D W. Advanced oxidation of a reactive dyebath effluent：comparison of O_3，H_2O_2/UV-C and TiO_2/UV-A processes［J］. Water Research，2002，36（5）：1143-1154.

[5] Kasprzyk-Hordern B，Ziółek M，Nawrocki J. Catalytic ozonation and methods of enhancing molecular ozone reactions in water treatment［J］. Applied Catalysis B：En-

vironmental, 2003, 46 (4): 639-669.

[6] Benitez F J, Beltran-Heredia J, Peres J A, et al. Kinetics of p-hydroxybenzoic acid photodecomposition and ozonation in a batch reactor [J]. Journal of Hazardous Materials, 2000, 73 (2): 161-178.

[7] Fechete I, Wang Y, Védrine J C. The past, present and future of heterogeneous catalysis [J]. Catalysis Today, 2012, 189 (1): 2-27.

[8] Lin S H, Lai C L. Kinetic characteristics of textile wastewater ozonation in fluidized and fixed activated carbon beds [J]. Water Research, 2000, 34 (3): 763-772.

[9] Legube B, Leitner N K V. Catalytic ozonation: a promising advanced oxidation technology for water treatment [J]. Catalysis Today, 1999, 53 (1): 61-72.

[10] Li L, Ye W, Zhang Q, et al. Catalytic ozonation of dimethyl phthalate over cerium supported on activated carbon [J]. Journal of Hazardous Materials, 2009, 170 (1): 411-416.

[11] Oguz E, Keskinler B, Çelik C, et al. Determination of the optimum conditions in the removal of Bomaplex Red CR-L dye from the textile wastewater using O_3, H_2O_2, HCO_3^- and PAC [J]. Journal of Hazardous Materials, 2006, 131 (1-3): 66-72.

[12] Pachhade K, Sandhya S, Swaminathan K. Ozonation of reactive dye, Procion red MX-5B catalyzed by metal ions [J]. Journal of Hazardous Materials, 2009, 167 (1-3): 313-318.

[13] Pocostales J P, Sein M M, Knolle W, et al. Degradation of ozone-refractory organic phosphates in wastewater by ozone and ozone/hydrogen peroxide (peroxone): The role of ozone consumption by dissolved organic matter [J]. Environmental Science & Technology, 2010, 44 (21): 8248-8253.

[14] Qi F, Xu B, Chen Z, et al. Mechanism investigation of catalyzed ozonation of 2-methylisoborneol in drinking water over aluminum (hydroxyl) oxides: Role of surface hydroxyl group [J]. Chemical Engineering Journal, 2010, 165 (2): 490-499.

[15] Martins R C, Quinta-Ferreira R M. Phenolic wastewaters depuration and biodegradability enhancement by ozone over active catalysts [J]. Desalination, 2011, 270 (1-3): 90-97.

[16] Sánchez-Polo M, von Gunten U, Rivera-Utrilla J. Efficiency of activated carbon to transform ozone into ·OH radicals: Influence of operational parameters [J]. Water Research, 2005, 39 (14): 3189-3198.

[17] Sirés I, Brillas E, Oturan M A, et al. Electrochemical advanced oxidation processes: today and tomorrow: A review [J]. Environmental Science and Pollution Research, 2014, 21: 8336-8367.

[18] Wang Y, Li X, Zhen L, et al. Electro-Fenton treatment of concentrates generated in nanofiltration of biologically pretreated landfill leachate [J]. Journal of Hazardous

Materials, 2012, 229: 115-121.

[19] Zeng Z, Zou H, Li X, et al. Ozonation of phenol with O_3/Fe (Ⅱ) inacidic environment in a rotating packed bed [J] . Industrial & Engineering Chemistry Research, 2012, 51 (31) : 10509-10516.

第4章

多相催化氧化降解NH_3废气

本章以 NH_3 作为恶臭无机污染物的代表，探究多相催化氧化技术对无机污染物的降解。通过探讨催化填料装填量、液气比、喷淋液初始 pH 值、气体停留时间、活性氧分子注入量以及初始污染物浓度对 NH_3 降解效果的影响，得到以填料喷淋塔为反应主体的多相催化氧化体系降解 NH_3 的最佳工艺参数。同时，通过探究多相催化氧化体系中·OH 对 NH_3 的氧化作用、多相催化氧化的作用机理，以及降解过程中可能产生的副产物，分析了多相催化氧化处理 NH_3 的机理。

4.1　实验装置与实验方法

4.1.1　实验装置

恶臭废气多相催化氧化实验装置如图 4.1 所示，主要由配气系统、填料喷淋塔、储液罐、活性氧分子发生器组成。其中填料喷淋塔为实验的主体部分，其有效尺寸为 ϕ900mm×770mm，材料为高硼硅玻璃，设置有填料区、液体缓冲区、进气口、出气口、活性气体注入口、进液口及出液口。另外，通过设计的塔身变径可在填料喷淋塔内部构建出一个空心的承载平台以及底部的液体缓冲区。在承载平台上采用耐腐蚀的钛网作为支撑，可稳定承载固相催化填料的同时允许气体及液体顺利通过。底部的液体缓冲区在阀门的配合下可调节液面高度，防止气体逸散。配气系统中形成的模拟废气以及活性氧分子发生器产生的活性气体分别由喷淋塔下端的进气口和活性气体注入口进入，自下而上流经催化填料区，从喷淋塔上端的出气口排出。蠕动泵将储液罐中的喷淋液泵入喷淋塔上端的进液口，并通过喷头扩散自上而下喷洒，能够与自下而上的气体充分接触，最后再通过底端的出液口排出回到储液罐，从而构成一个完整的液相循环。甲苯通过配气系统控制。

实验所涉及的铁碳催化剂填料将复合铁、碳、金属盐等均匀包含在内，高温炉窑烧结使填料内部形成同素异构结晶铁素体，将零价铁和活性炭烧结在一起，使两者不易分离，铁碳填料球外观呈椭圆状，规格为 3cm×5cm，密度为 $1.3t/m^3$，比表面积为 $1.2m^2/g$。实验所涉及的炭基催化剂以活性炭为载体，其上负载了铁、锰等活性物质，外形为圆柱状颗粒，规格为 6mm×10mm，密度为 $0.6t/m^3$，堆积密度为 650～750g/L。

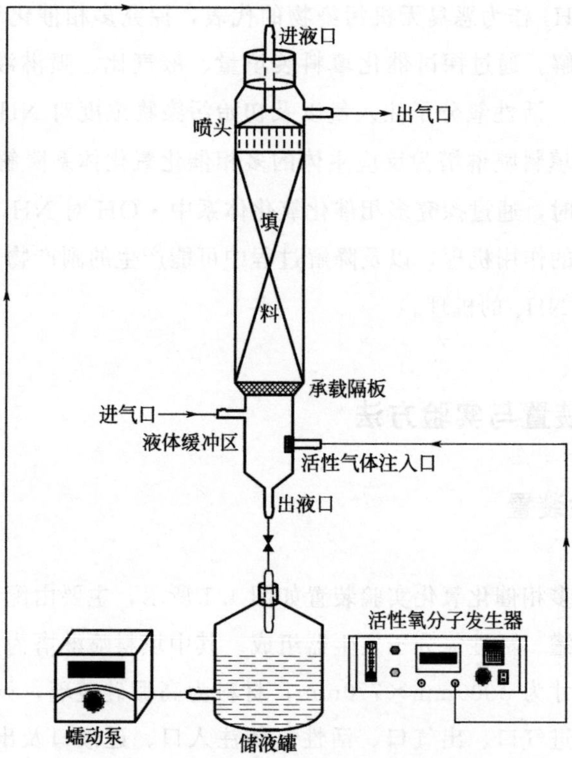

图 4.1　恶臭废气多相催化氧化实验装置

4.1.2　实验方法

在氨气浓度检测方面，采用 PLT300 型手持式氨气检测仪（深圳普利通），检测进气口处模拟废气中氨的浓度。

采用纳氏试剂分光光度法（HJ 535—2009）对液相中的氨氮含量进行测定。

实验采用 Empyrean 型 X 射线衍射仪（荷兰帕纳科）对催化剂的物相组分进行分析。

实验采用 CLARA 型超高分辨场发射扫描电镜（捷克泰思肯）对催化剂进行观察分析。

废气中氨气的去除率按式(4.1) 计算：

$$\eta_t = \frac{C_0 - C_t}{C_0} \times 100\% \tag{4.1}$$

式中 η_t——反应 t 时间时的污染物去除率；

C_0——进气口污染物浓度；

C_t——反应 t 时间时的出气口污染物浓度。

4.2 铁碳和炭基催化填料装填量对 NH_3 降解效果的影响

催化填料作为主要耗材之一，探究其装填量对 NH_3 降解效果的影响对控制运行及操作成本而言是十分必要的。实验控制风量为 30L/min、NH_3 浓度为 100mg/m^3、停留时间为 6s、液气比为 15L/m^3、活性氧分子注入量为 10mg/(L·min)，并以初始 pH 值为 7.5 的 2L 水作为喷淋液，进行 300min 的连续反应。分别调整铁碳及炭基催化填料装填量为 0L、0.5L、1.5L、2L、2.5L 来探究装填量对 NH_3 降解的影响，并采用填充聚乙烯填料球的方式来保证喷淋塔填充量始终为 3.0L。

催化填料装填量对 NH_3 降解率的影响如图 4.2 所示。

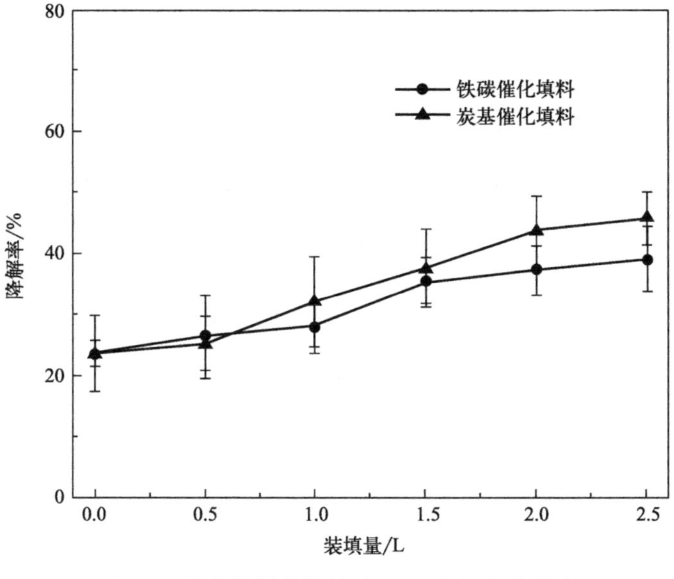

图 4.2 催化填料装填量对 NH_3 降解率的影响

在无任何催化填料装填，仅在活性氧分子注入和喷淋液吸收的作用下，体系对 NH_3 的降解率可达 23.7%。因为 NH_3 极易溶于水，以水作为喷淋

液时能够吸收大量 NH_3，吸收 NH_3 后的喷淋液呈碱性（pH＞9)，又给活性氧分子注入液相分解氧化形成大量·OH 提供了有利条件。添加催化填料后，在催化剂的作用下活性氧分子能够分解产生更多·OH，使活性氧分子降解污染物的过程中间接氧化所占的比例大大提升。随着催化填料装填量的增加，催化剂表面活性位点增多，多相催化氧化体系对废气中 NH_3 的降解能力也随之提升。当催化填料装填量从 0L 增加至 2.5L 后，NH_3 的降解率从 23.7%分别提升至 37.2%（铁碳催化填料）和 45.8%（炭基催化填料)。由于喷淋液吸收 NH_3 后 pH 值上升，液相体系呈碱性，不利于铁碳微电解反应的进行。并且，电化学反应所析出的 Fe^{2+} 及其氧化所形成的 Fe^{3+} 在碱性环境下易形成氢氧化物沉淀，这不仅削弱了铁离子均相催化氧化活性氧分子分解生成·OH 的效果，还会造成铁碳催化剂板结钝化，从而影响其与活性氧分子的协同作用和吸附作用。因此，虽然活性氧分子注入与铁碳催化填料结合有着比与炭基催化填料结合更多的污染物降解途径，但在针对处理 NH_3 废气时，活性氧分子注入与炭基催化填料耦合的多相催化氧化体系有着较好的降解效果，故选择装填 2.5L 炭基催化填料进行后续实验。

4.3 液气比对 NH_3 降解效果的影响

对于喷淋塔而言，液气比（L/G）是一个相当重要的控制参数，其值大小会影响喷淋液与废气相互接触的充分程度。实验控制风量为 30L/min、NH_3 浓度为 $100mg/m^3$、停留时间为 6s、炭基催化填料装填量为 2.5L、活性氧分子注入量为 10mg/(L·min)，并以初始 pH 值为 7.5 的 2L 水作为喷淋液，进行 300min 的连续反应。分别调整液气比为 $5L/m^3$、$10L/m^3$、$15L/m^3$、$20L/m^3$ 来探究液气比对 NH_3 降解的影响。

液气比对 NH_3 降解率的影响如图 4.3 所示。

反应初期，由于 NH_3 从气相转移到液相的传质阻力小，炭基催化填料表面空位多，喷淋液、炭基催化填料对 NH_3 的吸收、吸附作用明显。因此在反应刚刚开始的时候，除了液气比为 $5L/m^3$ 以外，体系对 NH_3 的降解率均维持在 85%左右。随着反应的进行，喷淋液中 NH_3 含量增加，NH_3 从气相转移至液相的传质阻力增大，炭基催化填料表面空位减少，体系对 NH_3 的降解率逐渐降低。在以活性氧分子注入和炭基催化填料耦合形成的多相催化氧化体系中，除了喷淋液的吸收和炭基催化填料的吸附这两种物理去除作

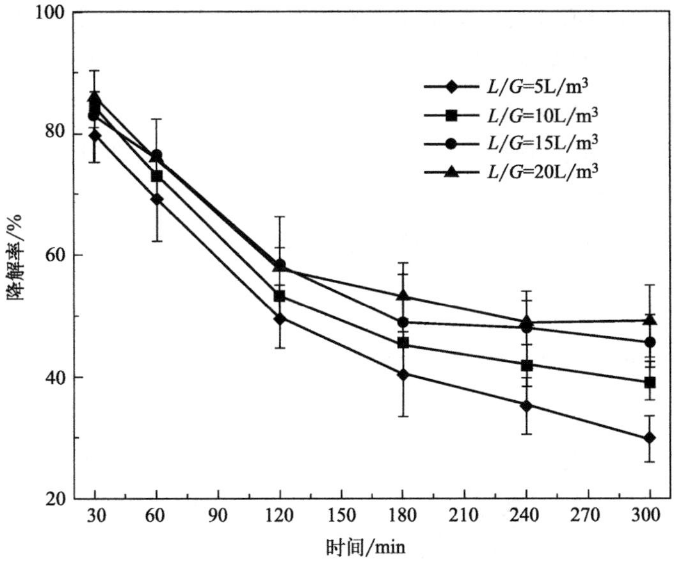

图 4.3　液气比对 NH_3 降解率的影响

用外，对于 NH_3 的降解去除而言更重要的还包括活性氧分子的直接氧化作用，以及活性氧分子催化氧化生成·OH 的间接氧化作用。因此，在上述物理及化学作用的加持下，随着反应时间的持续推进，NH_3 的降解率逐渐趋于稳定。并且，随着液气比的提升，NH_3 的降解率有着显著的变化，当液气比从 5L/m^3 提升至 20L/m^3 时，300min 时 NH_3 的降解率从 29.8%增加至 49.1%。这是由于 NH_3 极易溶于水，液气比的增加扩大了气-液、液-固两相之间有效接触面积，能够在一定程度上提高对废气中 NH_3 的降解。当液气比为 5L/m^3 时，喷淋液扩散程度相当小，不能够覆盖填料装填区的横截面，极大地限制了喷淋液与废气和炭基催化填料的接触程度，从而严重影响体系对 NH_3 的降解。在液气比达到 10L/m^3 以上时，喷淋液扩散范围已能完全覆盖整个催化填料区的横截面。然而，当液气比达到 20L/m^3 时，因水压过大导致喷淋水四溅，并在出气口处出现冷凝水剧增的问题，故选择 15L/m^3 液气比进行后续实验。

4.4　喷淋液初始 pH 值对 NH_3 降解效果的影响

喷淋液初始 pH 值低有助于提高其对 NH_3 的吸收，然而活性氧分子在碱性条件下能够产生更多的·OH，因此探究喷淋液初始 pH 值对 NH_3 降解效果的影响是十分必要的。实验控制风量为 30L/min、NH_3 浓度为 100mg/m^3、停留时间为 6s、炭基催化填料装填量为 2.5L、活性氧分子注入量为 10mg/(L·min)、液气比为 15L/m^3，并以 2L 水作为喷淋液，进行 300min 的连续反应。分别调整水溶液初始 pH 值为 3、5、7、9、11，以此探究喷淋液初始 pH 值对 NH_3 降解的影响。

喷淋液初始 pH 值对 NH_3 降解率的影响如图 4.4 所示。

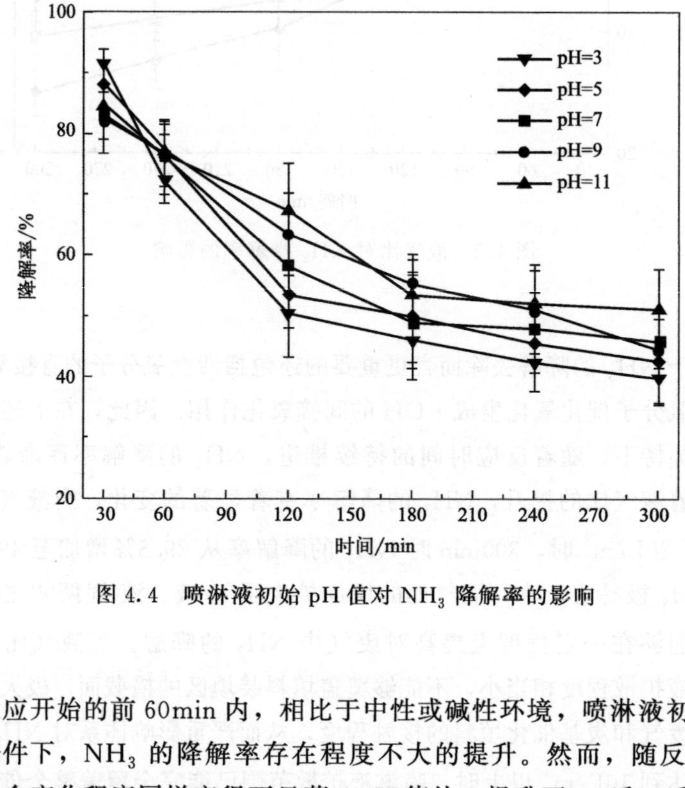

图 4.4　喷淋液初始 pH 值对 NH_3 降解率的影响

在反应开始的前 60min 内，相比于中性或碱性环境，喷淋液初始 pH 值越低的条件下，NH_3 的降解率存在程度不大的提升。然而，随反应的持续推进，这个变化程度同样变得不显著，pH 值从 7 提升至 11 后，反应平稳时的降解率仅从 48.1%提升至 52.3%。因此，在利用活性氧分子注入与炭基催化填料耦合的多相催化氧化体系降解 NH_3 的过程中，没有必要对喷淋液进行酸碱调节，从而降低了处理的运行成本。

4.5　气体停留时间对 NH_3 降解效果的影响

气体停留时间作为使用喷淋填料塔处理废气时的一个重要工艺参数，其会在一定程度上影响废气中污染物在填料喷淋塔中的降解效果。实验控制风量为 30L/min、NH_3 浓度为 100mg/m^3、液气比为 15L/m^3、单级炭基催化填料装填量为 2.5L、活性氧分子注入量为 10mg/(L·min)，并以初始 pH 值为 7.5 的 2L 水作为喷淋液，进行 300min 的连续反应。分别通过增加喷淋塔级数至 1 级、2 级、3 级来控制气体停留时间为 6s、12s、18s，以此探究气体停留时间对 NH_3 降解效果的影响。

气体停留时间对 NH_3 降解率的影响如图 4.5 所示。

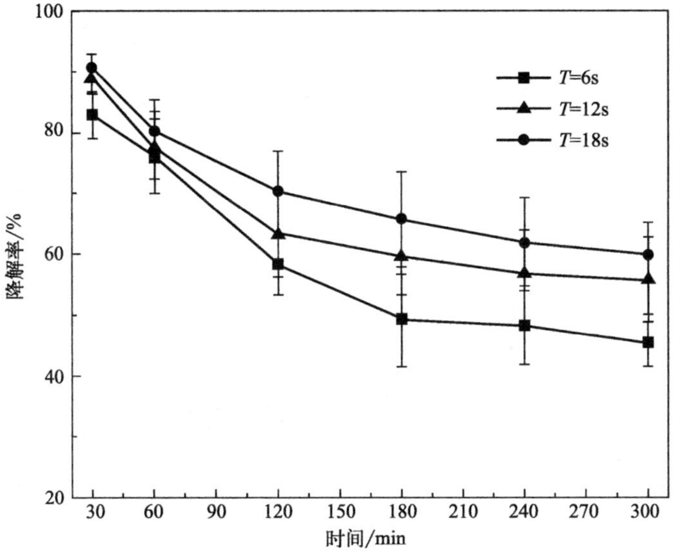

图 4.5　气体停留时间对 NH_3 降解率的影响

随着气体停留时间的增加，废气能够在喷淋塔中与喷淋液和炭基催化填料进行更充分的接触，从而使得废气中 NH_3 的降解率随气体停留时间的增加而提升。气体停留时间从 6s 增加到 12s 时，反应平稳时 NH_3 的降解率从 45.8%提升至 56.8%，增加了 11.0 个百分点。但当气体停留时间从 12s 增加到 18s 时，NH_3 的降解率仅从 56.8%提升至 62.4%，仅增加了 5.6 个百分点。这可能是由于注入量为 10mg/(L·min) 的活性氧分子在一级塔内已被分解或消耗了大部分，在两级塔内已几乎被消耗殆尽，增加到三级喷淋塔后·OH 产生量并无显著变化，只是单纯增加了炭基催化填料对 NH_3 的吸附作用。因此，本着处理高效且经济的原则，选择气体停留时间为 12s 进行后续实验。

4.6 活性氧分子注入量对 NH_3 降解效果的影响

活性氧分子作为参与污染物降解的氧化剂，探究其注入量对降解效果的影响非常重要。实验控制风量为 30L/min、NH_3 浓度为 $100mg/m^3$、液气比为 $15L/m^3$、单级炭基催化填料装填量为 2.5L、气体停留时间为 12s，并以初始 pH 值为 7.5 的 2L 水作为喷淋液，进行 300min 的连续反应。分别调整活性氧分子注入量为 10mg/(L·min)、15mg/(L·min)、20mg/(L·min)、25mg/(L·min)，以此探究活性氧分子注入量对 NH_3 降解效果的影响。

活性氧分子注入量对 NH_3 降解率的影响如图 4.6 所示。

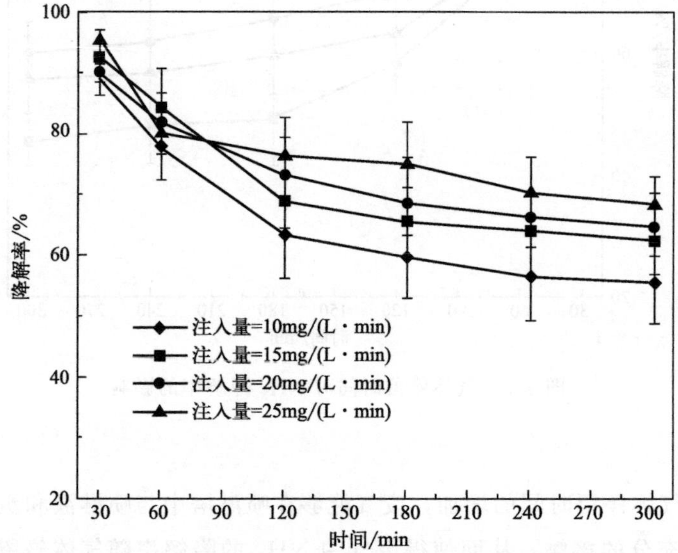

图 4.6 活性氧分子注入量对 NH_3 降解率的影响

在反应开始的前 60min，活性氧分子注入量的增加对 NH_3 的降解率没有显著的影响，这是由于前期在多相催化氧化体系中对 NH_3 降解起主导作用的是喷淋液吸收和炭基催化填料的吸附。在反应进行到 60min 后，随着活性氧分子注入量的增加，活性氧分子注入与炭基催化填料耦合形成的多相催化氧化体系中 NH_3 的降解率提升。活性氧分子注入量从 10mg/(L·min)

增加至 25mg/(L·min) 后，反应平稳时 NH_3 的降解率从 56.8%提升至 72.5%。活性氧分子注入量增加，一方面加大了活性氧分子与废气中 NH_3 分子的碰撞概率，提高了活性氧分子对废气中 NH_3 的直接氧化降解；另一方面，活性氧分子在炭基催化填料的作用下分解生成更多的·OH，从而显著提升了活性氧分子对废气中 NH_3 的间接氧化降解。

4.7　初始污染物浓度对 NH_3 降解效果的影响

为进一步明确初始污染物浓度对以活性氧分子和炭基催化填料耦合形成的多相催化氧化体系处理效果的影响，实验控制风量为 30L/min、活性氧分子注入量为 30mg/(L·min)、液气比为 15L/m^3、单级炭基催化填料装填量为 2.5L、气体停留时间为 12s，并以初始 pH 值为 7.5 的 2L 水作为喷淋液，进行 300min 的连续反应。分别调整初始 NH_3 浓度为 100mg/m^3、150mg/m^3、200mg/m^3、250mg/m^3，以此探究污染物初始浓度对 NH_3 降解效果的影响。

污染物初始浓度对 NH_3 降解率的影响如图 4.7 所示。

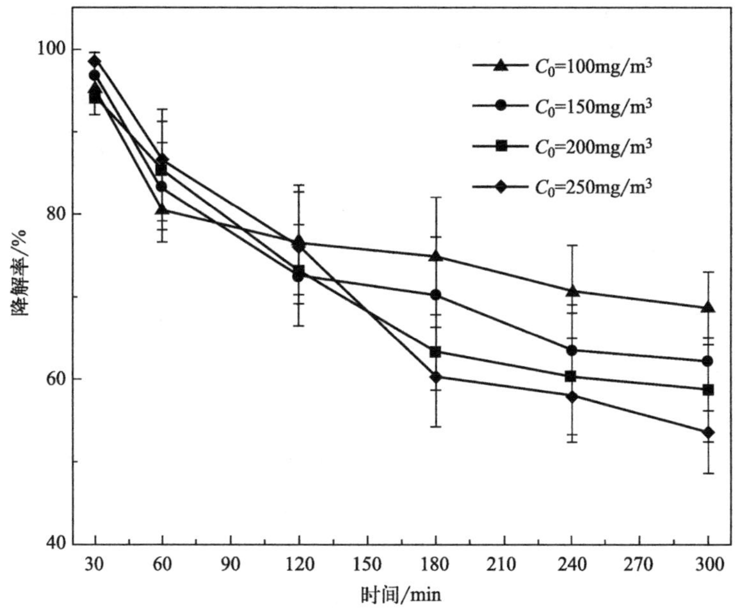

图 4.7　污染物初始浓度对 NH_3 降解率的影响

初始浓度从 100mg/m^3 增加至 250mg/m^3 时，反应平衡时 NH_3 降解率从 70.6%降低至 57.1%。虽然初始污染物浓度的增加能够提高 NH_3 与活性氧分子、·OH 的碰撞概率，然而，因活性氧分子注入量及炭基催化填料装填量一定，体系中生成·OH 的数量有限，从根本上导致氧化降解能力的局限性，使得活性氧分子注入和炭基催化填料耦合形成的多相催化氧化体系对 NH_3 的降解率随着初始浓度的增加而降低。

4.8 多相催化氧化处理 NH_3 废气的机理

4.8.1 羟基自由基的氧化作用

羟基自由基（·OH）具有强氧化性及选择性低的特点，能够通过电子转移、亲电加成、脱氢等一系列反应将污染物进行彻底氧化降解。另外，相关研究表明异丙醇（IPA）作为良好的自由基猝灭剂，能够对·OH 进行有效捕获并使其不能对其他物质进行氧化。因此，本研究以向喷淋液中添加 IPA 的形式来探究在活性氧分子注入与炭基催化填料耦合形成的多相催化氧化体系中·OH 对 NH_3 降解发挥的作用。实验控制风量为 30L/min、NH_3 浓度为 100mg/m^3、活性氧分子注入量为 10mg/(L·min)、液气比为 15L/m^3、单级炭基催化剂装填量为 2.5L、气体停留时间为 12s，并以初始 pH 值为 7.5 的 2L 水作为喷淋液，随后向喷淋液中投加 IPA 使其浓度为 100mg/L，进行了 6 组实验，包括单独活性氧分子注入、单独活性氧分子注入+IPA、单独炭基催化填料、单独炭基催化填料+IPA、多相催化氧化、多相催化氧化+IPA。

投加 IPA 对 NH_3 降解效果的影响如图 4.8 所示。

单独活性氧分子注入与单独活性氧分子+IPA 相比，NH_3 降解率无明显差异，这说明在无催化填料的单独活性氧分子注入情况下，填料喷淋塔内没有大量·OH 生成，体系对 NH_3 的降解更多在于喷淋液吸收以及活性氧分子的直接氧化。单独炭基催化填料与单独炭基催化填料+IPA 相比，反应全过程中两者的 NH_3 降解率无明显差异，这说明在无活性氧分子注入的单独炭基催化填料情况下填料喷淋塔内没有大量·OH 生成，体系对 NH_3 的降解更多在于喷淋液的吸收作用以及炭基催化填料的吸附作用。多相催化氧化与多相催化氧化+IPA 相比，两者的 NH_3 降解率在反应初期无明显变化，但随着反应的持续推进，差异逐渐显现，反应平稳时的 NH_3 降解率从 70.6%下降至 43.9%。这说明多相催化氧化除了喷淋液吸收、填料吸附、活性氧分子直接氧化外还利用活性氧分子注入作为氧化剂，炭基催化填料作为非均相催化剂，在体系内产生一定量的·OH 参与 NH_3 的降解过程中。

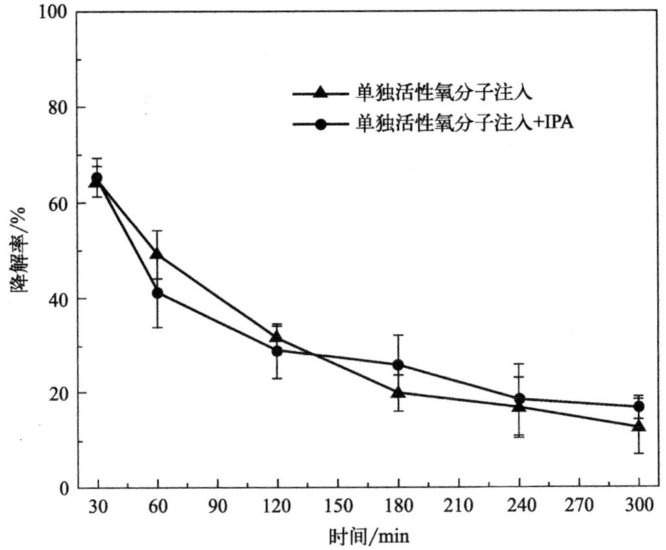

(a) 单独活性氧分子注入

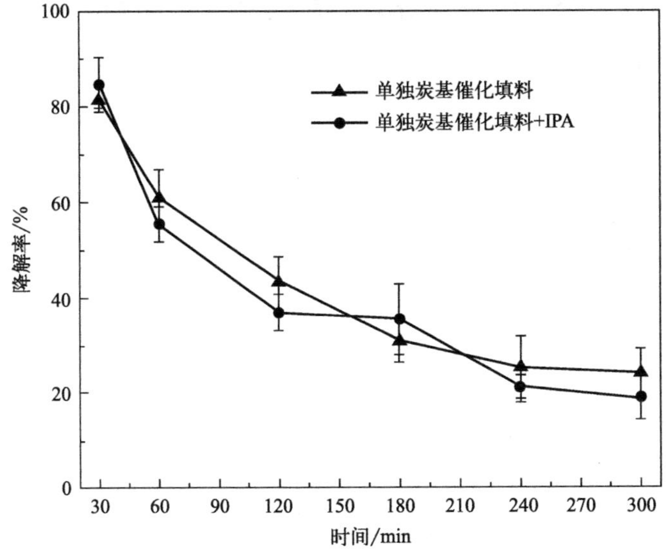

(b) 单独炭基催化填料

图 4.8

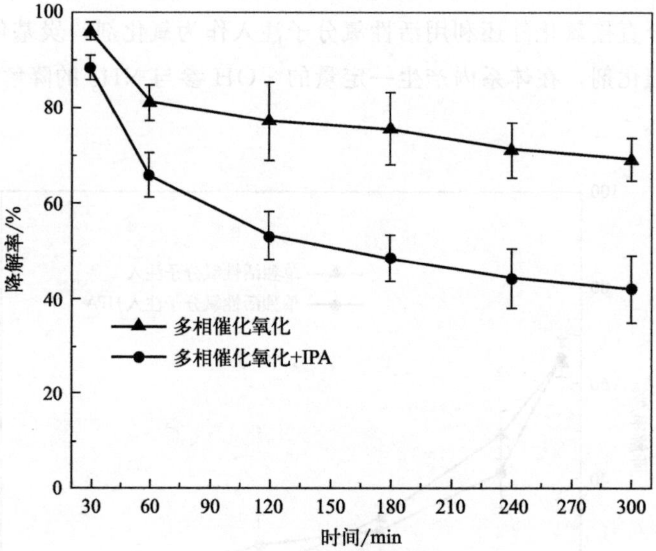

(c) 多相催化氧化

图 4.8 投加 IPA 对 NH_3 降解效果的影响

4.8.2 活性氧分子/炭基催化填料耦合形成的多相催化氧化体系作用机理

多相催化氧化技术在活性气体、喷淋液、固相炭基催化填料的叠加作用下实现，废气中 NH_3 的降解不仅存在于活性氧分子直接氧化、喷淋液吸收、活性炭吸附的独立作用过程中，更是存在于气、液、固多相内同时进行的多种活性物质的协同作用过程中。

体系的作用机理（图 4.9）包括：

① 活性氧分子直接氧化作用；

② 喷淋液吸收作用；

③ 炭基催化填料吸附作用；

④ 活性氧分子与水力空化协同作用；

⑤ 溶解活性氧分子与炭基催化填料协同作用。

其中，最为复杂的是溶解活性氧分子与炭基催化填料协同作用，可大致分为炭基催化填料的活性炭载体对活性氧分子分解的促进作用，以及炭基催化填料整体与活性氧分子之间的非均相催化氧化。

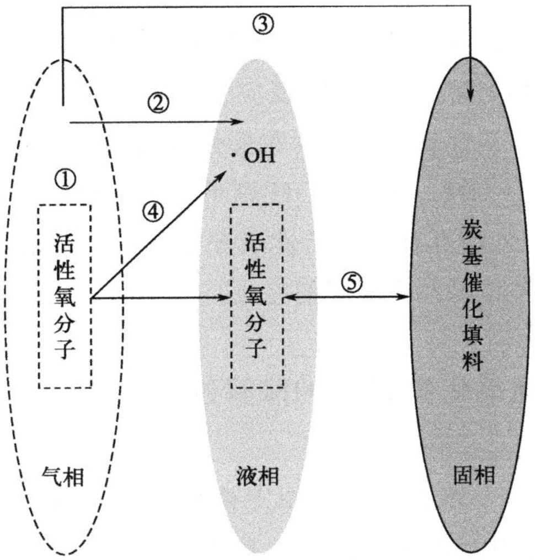

图 4.9　活性氧分子注入与炭基催化填料耦合的多相催化氧化体系作用机理

相关研究表明，活性炭的特殊物理化学性质决定了其具有一定程度的催化活性，使得在活性炭的吸附以及催化活性氧分子分解产生自由基的叠加作用下促进了对污染物的降解效果。上述作用具体通过以下两种途径实现：

① 污染物分子与活性氧分子都被吸附于活性炭表面，增加了局部反应物的浓度，从而促进了活性氧分子直接氧化作用或其分解产生 · OH 等自由基的间接氧化作用。

② 被吸附至活性炭表面的活性氧分子引发自由基链式反应生成并释放 · OH 及 O_2^- · ，自由基再与未吸附的污染物发生反应。

非均相催化技术通过将多种氧化剂与固相催化填料相结合的形式，产生大量强氧化性的 · OH，可对污染物进行无选择性的氧化降解。在以往的均相催化剂中，活性金属离子分散于反应体系中，催化剂无法从体系中分离出来，容易造成催化剂的损失和二次污染。因此，在过去的半个世纪中许多研究尝试将均相催化剂负载在固体载体之上以合成多相催化剂，发现载体对所固定的均相催化剂的性能存在积极影响，同时也使得催化剂能够很容易地从反应物和产物中分离出来。活性炭作为廉价易得的多孔材料，其发达的孔隙结构和超大的表面积不仅有利于负载活性组分，还能够为反应物提供大量的活性位点，从而使得炭基催化剂的催化活性得到大幅度提升。目前，多数研究者认为自由基理论是非均相催化氧化活性氧分子的反应机理。首先，活性氧分子与金属氧化物表面羟基（≡Me—OH）作用产生 $O_2^-\cdot$ 和 $HO_2\cdot$，从而引发了下列自由基链式反应。$O_2^-\cdot$ 与 O_3 作用生成可以作为链式反应促进剂的 $\cdot O_3^-$，其再与溶液中的 H^+ 反应生成 $HO_3\cdot$，随后 $HO_3\cdot$ 会迅速分解产生大量 $\cdot OH$。活性氧分子吸附在催化剂表面，在金属氧化物表面羟基的作用下分解生成 $\cdot OH$，这些 $\cdot OH$ 则不断地从催化剂表面释放后对污染物进行氧化降解，而后再有新的活性氧分子在催化剂表面转化生成新一批 $\cdot OH$，由此构成整体循环直至降解完成。

4.8.3 多相催化氧化中 NH_3 的降解过程

废气中的 NH_3 一方面可在气相中被直接氧化成 NO_3^- 后转移至液相中，或是被喷淋液吸收后在液相中被氧化降解。为了探究 NH_3 在液相中的降解机理，实验控制风量为 30L/min、NH_3 浓度为 100mg/m^3、液气比为 15L/m^3、单级炭基催化填料装填量为 2.5L、气体停留时间为 12s，并以初始 pH 值为 7.5 的 2L 水作为喷淋液，进行 300min 的连续反应，每 30min 取喷淋液水样进行亚硝酸盐氮（NO_2^--N）、硝酸盐氮（NO_3^--N）含量的测定。

喷淋液中 NO_2^--N、NO_3^--N 的含量如图 4.10 所示。

液相中 NO_3^--N 含量不断上升并随反应时间的持续推进逐渐趋于稳定，而 NO_2^--N 含量却无明显变化。废气中的 NH_3 被喷淋液吸收后在液相中会呈现游离氨（NH_3）和铵根离子（NH_4^+）两种可逆状态。废气中的 NH_3 被喷淋液吸收后在溶解态活性氧分子和体系中产生的 $\cdot OH$ 的作用下被氧化为 NO_3^- 和 NO_2^-，或是彻底转化为 N_2 逸出。但由于中间体 NO_2^- 极易被氧化成 NO_3^-，使得其几乎无法被测得。

4.8.4 炭基催化填料 SEM、XRD 表征

分别对使用前后的炭基催化填料进行 SEM、XRD 表征分析，结果如图 4.11、图 4.12 所示。

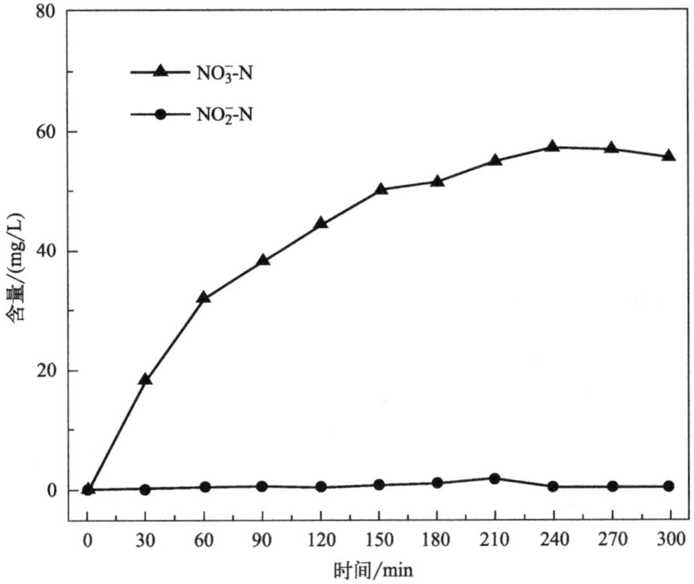

图 4.10　喷淋液中 NO_2^--N、NO_3^--N 的含量

(a) 使用前　(b) 使用后

图 4.11　炭基催化填料使用前后的 SEM 图

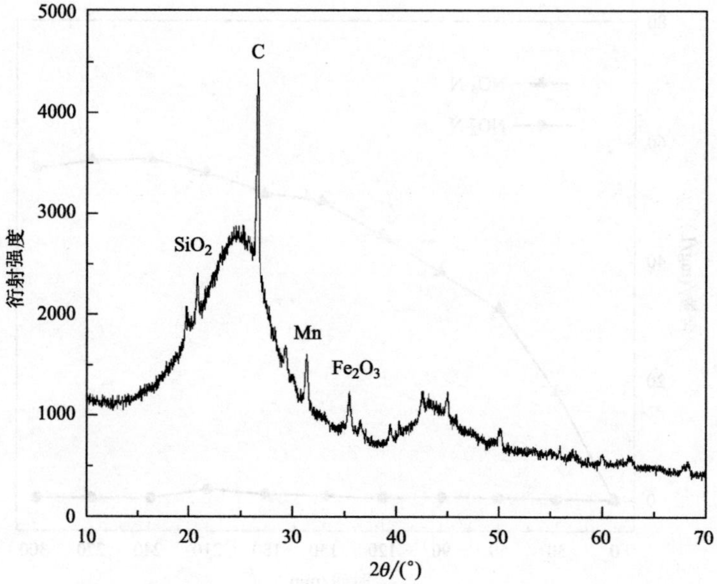

(a) 使用前

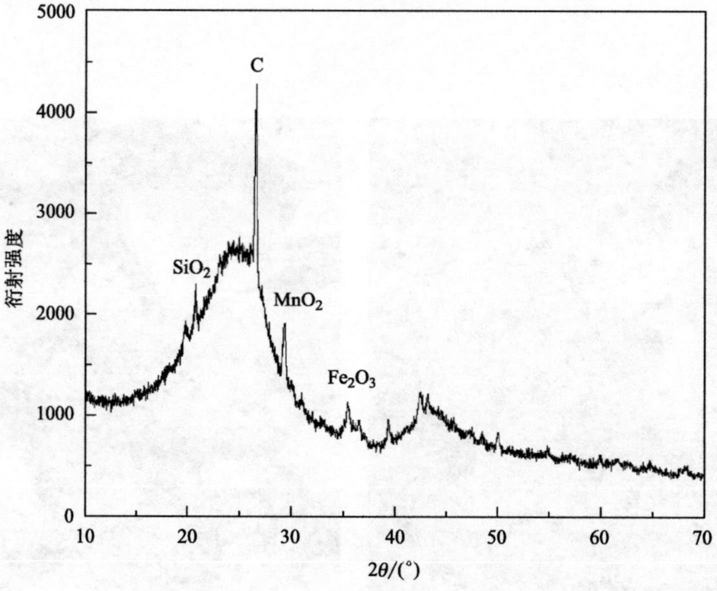

(b) 使用后

图 4.12 使用前后炭基催化填料的 XRD 谱图

通过 SEM 图可观察到炭基催化填料颗粒紧密，孔隙丰富，具有巨大的比表面积，能够对气体、液体进行有效吸附。使用前后的炭基催化填料在结构上无明显变化，但使用后的填料表面会有些许反应副产物沉积。

通过 XRD 谱图可观察到炭基催化填料中的活性炭在使用前后无明显减少，炭基催化剂中的 Mn 在使用后被氧化成 MnO_2。炭基催化填料在使用过程中不会产生金属元素或活性炭的流失，使用寿命较长，且不会对喷淋液造成二次污染。

本章主要利用填料喷淋塔作为反应主体，以 NH_3 作为废气中恶臭无机污染物的代表，研究了多相催化氧化对废气中无机污染物的降解，得出的主要结论如下：

① 当催化填料装填量从 0L 增加至 2.5L 后，NH_3 的降解率从 23.7%分别提升至 37.2%（铁碳催化填料）和 45.8%（炭基催化填料）。当液气比从 $5L/m^3$ 提升至 $20L/m^3$ 时，反应平稳期 NH_3 的降解率从 29.8%增加至 49.1%。pH 值降低或升高对于 NH_3 的降解率并无明显影响。气体停留时间从 6s 增加到 12s、18s 后，反应平稳时 NH_3 的降解率从 45.8%提升至 56.8%、62.4%。当活性氧分子注入量从 10mg/(L·min) 增加至 25mg/(L·min) 后，反应平稳时 NH_3 的降解率从 56.8%提升至 72.5%。当初始 NH_3 浓度从 $100mg/m^3$ 增加至 $250mg/m^3$ 时，反应平稳时 NH_3 降解率从 70.6%降低至 57.1%。

② 活性氧分子注入和炭基催化填料耦合形成的多相催化氧化体系能够生成大量·OH，这些·OH 在体系对 NH_3 降解的过程中发挥了很大的作用。多相催化氧化在活性气体、喷淋液、固相炭基催化填料等多重作用下实现，对污染物的降解可在气、液、固多相内多种活性物质的协同作用过程中进行，其中最为复杂的是溶解活性氧分子与炭基催化填料协同作用。废气中的 NH_3 一方面可在气相中被直接氧化成 NO_3^- 后转移至液相中，或是被喷淋液吸收后在液相中被氧化降解。使用前后的炭基催化填料在结构上无明显变化，使用过程中不会产生流失现象，寿命长且不易造成额外的二次污染。

参考文献

[1] 刘莹，何宏平，吴德礼，等．非均相催化臭氧氧化反应机制［J］．化学进展，2016，28（07）：1112-1120.

[2] 邱子珂．多相催化氧化处理污泥干化废气的研究［D］．广州：中山大学，2021.

[3] Chen Y，Wu Y，Liu C，et al. Low-temperature conversion of ammonia to nitrogen in water with ozone over composite metal oxide catalyst［J］. Journal of Environmental Sciences，2018，66：265-273.

[4] Fechete I，Wang Y，Védrine J C. The past，present and future of heterogeneous catalysis［J］.Catalysis Today，2012，189（1）：2-27.

[5] Lin S H，Lai C L. Kinetic characteristics of textile wastewater ozonation in fluidized and fixed activated carbon beds［J］. Water Research，2000，34（3）：763-772.

[6] Luo X，Yan Q，Wang C，et al. Treatment of ammonia nitrogen wastewater in low concentration by two-stage ozonization［J］. International Journal of Environmental Research and Public Health，2015，12（9）：11975-11987.

[7] Mu Y，Huang C，Li H，et al. Electrochemical degradation of ciprofloxacin with a Sb-doped SnO_2 electrode：Performance，influencing factors and degradation pathways［J］. RSC Advances，2019，9（51）：29796-29804.

[8] Niu J，Bao Y，Li Y，et al. Electrochemical mineralization of pentachlorophenol（PCP）by Ti/SnO_2-Sb electrodes［J］. Chemosphere，2013，92（11）：1571-1577.

[9] Yao Y，Teng G，Yang Y，et al. Electrochemical oxidation of acetamiprid using Yb-doped PbO_2 electrodes：Electrode characterization，influencing factors and degradation pathways［J］. Separation and Purification Technology，2019，211：456-466.

第5章

多相催化氧化降解甲苯和NH_3混合废气

5.1　实验装置与实验方法
5.2　填料喷淋塔级数对混合污染物降解效果的影响
5.3　活性氧分子注入量对混合污染物降解效果的影响
5.4　循环喷淋液的再生设备及影响因素
5.5　多相催化氧化技术原理分析

现实中的有机废气是集无机恶臭污染物和有机恶臭污染物于一体的复杂性废气，本章以 NH_3 和甲苯作为有机废气中无机、有机恶臭污染物的代表，模拟成分及性质复杂的真实有机废气，探讨多相催化氧化技术中的喷淋塔级数、活性氧分子注入量对混合废气中 NH_3 和甲苯降解率的影响。同时，采用多维电催化设备对反应后的喷淋液进行再生，探讨了电流密度、初始 pH 值对喷淋液中氨氮、COD 的去除效果。并针对多相催化氧化技术在气、液、固多相内对废气中无机及有机恶臭污染物的氧化降解原理进行了综合分析。

5.1 实验装置与实验方法

5.1.1 实验装置

有机废气多相催化氧化实验装置如图 5.1 所示，主要由配气系统、填料喷淋塔、储液罐、活性氧分子发生器组成。其中填料喷淋塔为实验的主体部分，其有效尺寸为 ϕ900mm×770mm，材料为高硼硅玻璃，设置有填料区、液体缓冲区、进气口、出气口、活性气体注入口、进液口及出液口。另外，通过设计的塔身变径可在填料喷淋塔内部构建出一个空心的承载平台以及底部的液体缓冲区。在承载平台上采用耐腐蚀的钛网作为支撑，可稳定承载固相催化填料的同时允许气体及液体顺利通过。底部的液体缓冲区在阀门的配合下可调节液面高度，防止气体逸散。配气系统中形成的模拟废气以及活性氧分子发生器产生的活性气体分别由喷淋塔下端的进气口和活性气体注入口进入，自下而上流经催化填料区，从喷淋塔上端的出气口排出。蠕动泵将储液罐中的喷淋液泵入喷淋塔上端的进液口，并通过喷头扩散自上而下喷洒，能够与自下而上的气体充分接触，最后再通过底端的出液口排出回到储液罐，从而构成一个完整的液相循环。甲苯通过配气系统控制。

实验所涉及的铁碳催化剂填料将复合铁、碳、GL 催化剂、金属催化剂等均匀包含在内，高温炉窑烧结使填料内部形成同素异构结晶铁素体，将零价铁和活性炭烧结在一起，使两者不易分离，铁碳填料球外观呈椭圆状，规格为 3cm×5cm，密度为 1.3t/m^3，比表面积为 1.2m^2/g。实验所涉及的炭基催化剂为以活性炭为载体，其上负载了铁、锰等活性物质，外形为圆柱状颗粒，规格为 6mm×10mm，密度为 0.6t/m^3，堆积密度为 650～750g/L。

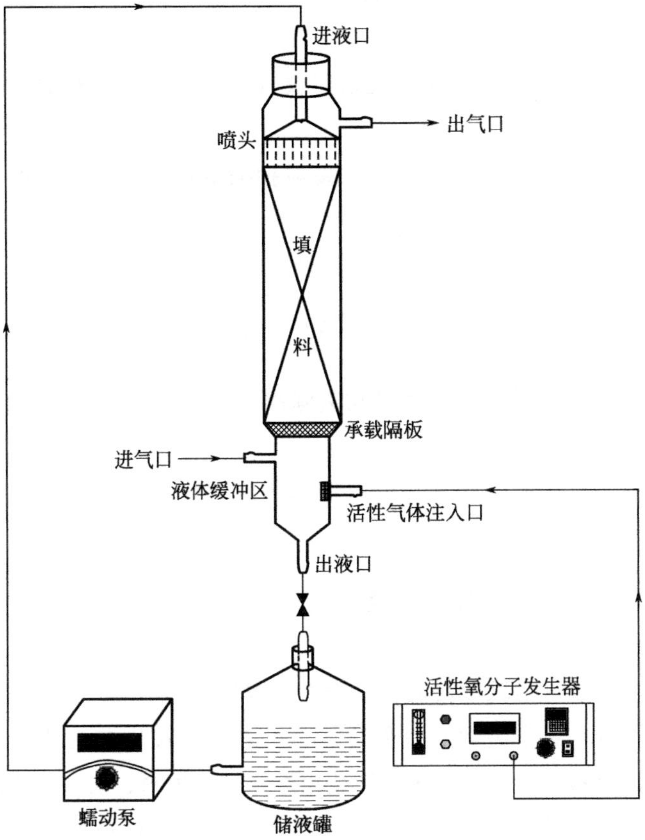

图 5.1　有机废气多相催化氧化实验装置

5.1.2　实验方法

在甲苯浓度检测方面，采用 ppbRAE 3000＋型手持式有机气体检测仪（美国华瑞）测量进气口处的甲苯浓度，采用配备有氢火焰离子化检测器（FID）的 FL9790 型气相色谱仪（浙江福立）测量出气口处的甲苯浓度。

在铁离子浓度检测方面，采用邻菲啰啉分光光度法（HJ/T 345—2007）。

实验采用 8890-5977B 型气相色谱-质谱联用仪（美国安捷伦）进行甲苯降解中间产物的分析。

在氨气浓度检测方面，采用 PLT300 型手持式氨气检测仪（深圳普利通）检测进气口处模拟废气中氨的浓度。

采用纳氏试剂分光光度法（HJ 535—2009）对液相中的氨氮含量进行测定。

实验采用 Empyrean 型 X 射线衍射仪（荷兰帕纳科）对催化剂的物相组分进行分析。

实验采用 CLARA 型超高分辨场发射扫描电镜（捷克泰思肯）对催化剂进行观察分析。

废气中甲苯和氨气的去除率按式（5.1）计算：

$$\eta_t=\frac{C_0-C_t}{C_0}\times 100\% \tag{5.1}$$

式中 η_t——反应 t 时间时的污染物去除率；

C_0——进气口污染物浓度；

C_t——反应 t 时间时的出气口污染物浓度。

5.2 填料喷淋塔级数对混合污染物降解效果的影响

在探讨填料喷淋塔级数对混合污染物降解效果的影响时，为得到最佳处理效果，分别设置一级塔装填炭基催化填料，二级塔按序分别装填炭基催化填料、铁碳催化填料，三级塔按序分别装填炭基催化填料、炭基催化填料、铁碳催化填料。因铁碳填料在碱性环境下易形成铁的氢氧化物沉淀而导致板结钝化，前置装填炭基催化填料的喷淋塔能够在一定程度上消除混合废气中 NH_3 对铁碳催化填料的影响，从而进一步提高废气中甲苯在多相催化氧化体系的降解效果。实验控制风量为 30L/min、液气比为 $15L/m^3$、NH_3 浓度为 $100mg/m^3$、甲苯浓度为 $50mg/m^3$、单级催化填料装填量为 2.5L、气体停留时间为 6～18s、总活性氧分子注入量为 50mg/(L·min)［塔级数为二级、三级时分两批注入，第一级炭基填料塔注入 30mg/(L·min)，铁碳填料塔注入 20mg/(L·min)］，并以 2L 水作为喷淋液进行 300min 的连续反应。

填料喷淋塔级数对 NH_3、甲苯降解效果的影响如图 5.2 所示。

随着填料喷淋塔级数的增加，气体停留时间从 6s 延长至 18s，废气中 NH_3 和甲苯与固相催化填料、喷淋液、活性气体的接触更加充分，对混合污染物的降解效果也随之有了显著的提升。在按顺序装填炭基催化填料、炭基催化填料、铁碳催化填料的三级填料喷淋塔中，反应平稳时混合废气中

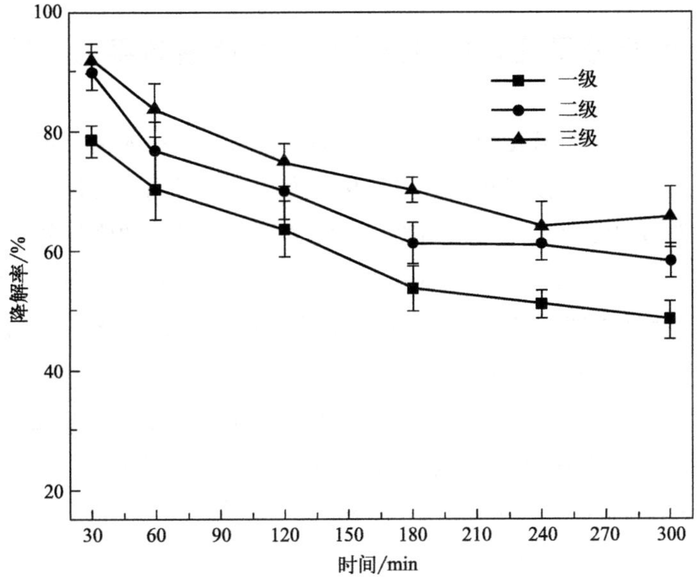

(a) NH_3

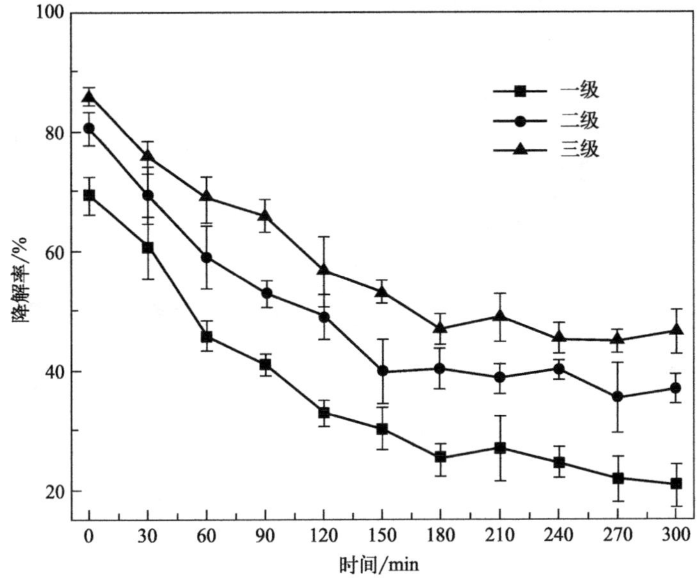

(b) 甲苯

图 5.2　填料喷淋塔级数对 NH_3、甲苯降解效果的影响

NH_3 的降解率可达 65.7%，甲苯的降解率可达 45.1%。

5.3 活性氧分子注入量对混合污染物降解效果的影响

活性氧分子作为氧化剂被注入多相催化体系，其注入量在很大程度上影响着活性氧分子的直接氧化及间接氧化能力，从而影响多相催化氧化体系对废气中污染物的降解率。为达到废气中混合污染物最佳的降解效果，选择三级填料（炭基-炭基-铁碳串联）喷淋塔，活性氧分子分两批在第一级炭基填料塔和第三级铁碳填料塔注入。实验控制风量为 30L/min、液气比为 15L/m^3、气体停留时间为 18s、NH_3 浓度为 100mg/m^3、甲苯浓度为 50mg/m^3、单级催化填料装填量为 2.5L，并以 2L 水作为喷淋液进行 300min 的连续反应。为保证注入的活性氧分子得到充分利用，分别调整活性氧分子注入量为 50mg/(L·min)[(30+20)mg/(L·min)]、60mg/(L·min)[(40+20)mg/(L·min)]、70mg/(L·min)[(50+20)mg/(L·min)]，以探究活性氧分子注入量对混合污染物降解效果的影响。

活性氧分子注入量对 NH_3、甲苯降解效果的影响如图 5.3 所示。

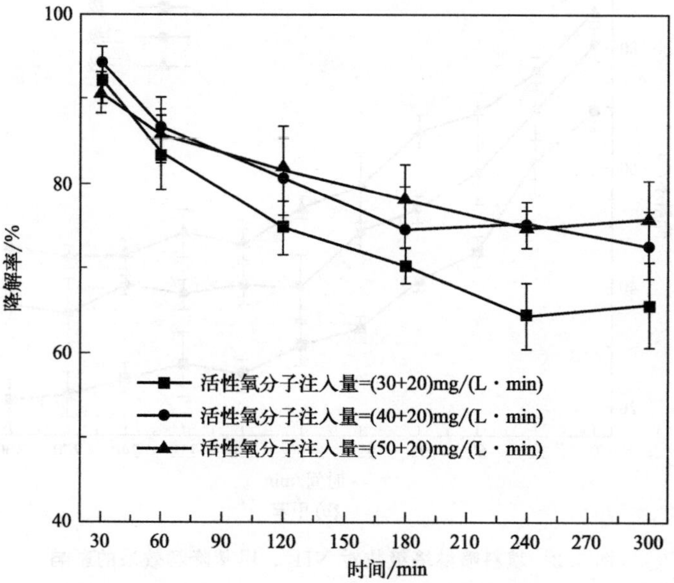

(a) NH_3

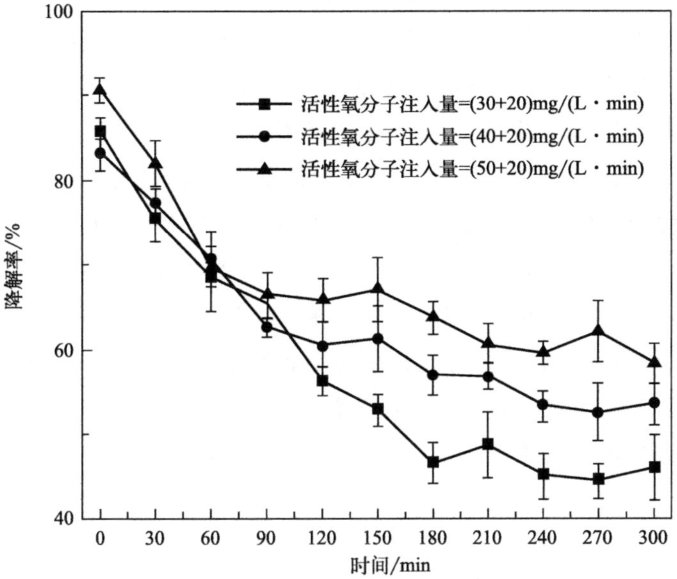

(b) 甲苯

图 5.3　活性氧分子注入量对 NH_3、甲苯降解效果的影响

随着活性氧分子注入量增加，混合废气中 NH_3 和甲苯的降解率得到了一定的提升。活性氧分子注入量的增加一方面加大了活性氧分子与废气中污染物分子的碰撞概率，提高了活性氧分子对废气中 NH_3 和甲苯的直接氧化降解；另一方面，活性氧分子在与固相催化填料更加充分接触的过程中，通过催化作用能够分解生成更多的 ·OH，从而提升了活性氧分子对混合废气中 NH_3 和甲苯的间接氧化降解。活性氧分子注入量为 70mg/(L · min)[(50+20)mg/(L · min)] 时，反应平稳时混合废气中 NH_3 的降解率可达 75.6%，甲苯的降解率可达 59.7%。

5.4　循环喷淋液的再生设备及影响因素

多相催化氧化技术处理废气利用气、液、固三相内发生的多种反应能够将无机及有机恶臭污染物彻底氧化降解成为无害的 N_2、CO_2、H_2O，或是通过吸收作用转移至喷淋液中。因此，在以填料喷淋塔为主体装置的多相催化氧化技术中，探讨循环喷淋液的再生方法有助于完善整个技术体系，避免其在大规模实际应用上的二次污染问题。本研究中，喷淋液再生设备采用配备有三维电极结构的新型电化学反应器（SGE-EC-T-001，南京赛佳环保），其在传统二维电极间装填粒状工作电极，形成三维电极结构，在电化学与电解催化的双重作用下生成具有高化学活性的物质（·OH、·O_2、H_2O_2等）。此三维电催化实验设备的阳极采用钛基涂层DSA电极且极板表面负载有多种催化剂涂层，阴阳两极间填充了负载有多种催化材料的导电粒子和不导电粒子，具有比传统二维电极更好的污染物降解效果。为探究三维电催化设备对循环喷淋液的再生效果，考察了初始pH值、电流密度对喷淋液中氨氮及COD降解率的影响。为防止杂质颗粒影响电催化设备的运行，在开始喷淋液再生处理前将反应后的喷淋液静置一段时间以去除其中的杂质。

为探讨初始pH值对喷淋液中氨氮及COD降解率的影响，实验控制曝气量为0.6L/min、处理水量为500mL、电流密度为3.5mA/cm^2、反应时间为100min，并添加电解质Na_2SO_4以增强导电能力。分别调整初始pH值为3、5、7、9，以探究初始pH值对氨氮、COD降解效果的影响。

初始pH值对氨氮、COD降解效果的影响如图5.4所示。

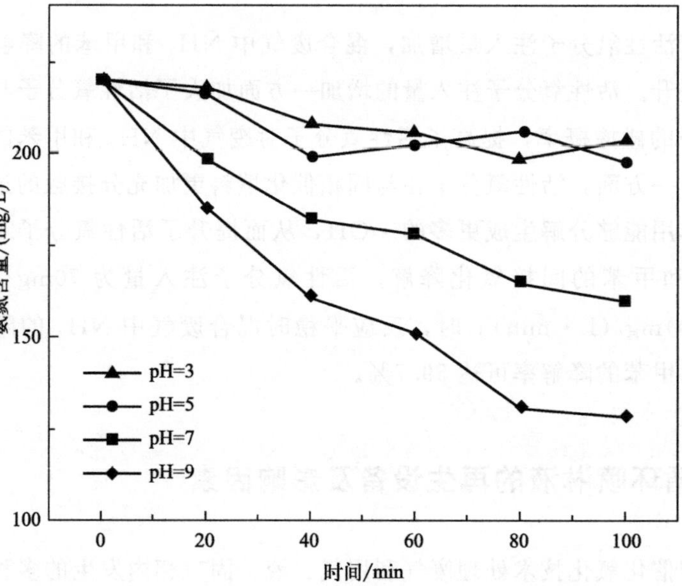

(a) 氨氮

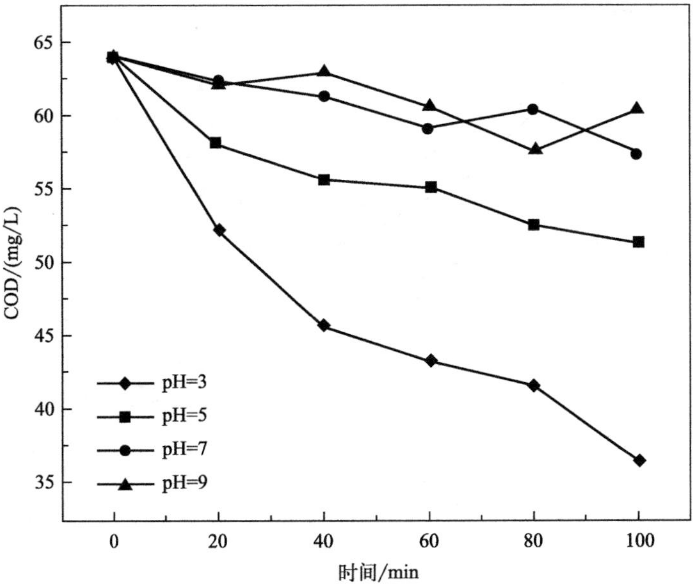

(b) COD

图 5.4　初始 pH 值对氨氮、COD 降解效果的影响

随着初始 pH 值的增大，三维电催化实验设备对氨氮和 COD 的降解呈现出相反的效果。初始 pH 值越低越有利于电催化氧化过程对喷淋液中 COD 的降解去除。初始 pH 值较低时，能够促进电化学过程中·OH 的生成，更有利于电催化氧化对喷淋液中 COD 的去除。但随着初始 pH 值的增大，加剧了析氧副反应的发生，导致生成的·OH 无法更好地作用于污染物的降解，从而影响了电催化氧化过程中 COD 的降解。相反，初始 pH 值越高，喷淋液中的氨氮越容易在电催化氧化过程中被氧化降解。由于喷淋液中 NH_3、NH_4^+ 所占比例与 pH 值有很大的关系，$pH<7$ 时氨氮主要以 NH_4^+ 的形式存在于溶液中，$pH>11$ 时超 90%的氨氮则以 NH_3 的形式存在。并且，NH_3 的空间位阻比 NH_4^+ 小，使得电催化过程能够更容易地对其进行氧化。

为探讨电流密度对喷淋液中氨氮及 COD 降解率的影响，实验控制曝气量为 0.6L/min、处理水量为 500mL、初始 pH 值为 7、反应时间为 100min，并添加电解质 Na_2SO_4 以增强导电能力。分别调整电流密度为 $2.5mA/cm^2$、$3.5mA/cm^2$、$7.5mA/cm^2$、$10.0mA/cm^2$，以探究电流密度对氨氮、COD 降解效果的影响。

电流密度对氨氮、COD 降解效果的影响如图 5.5 所示。

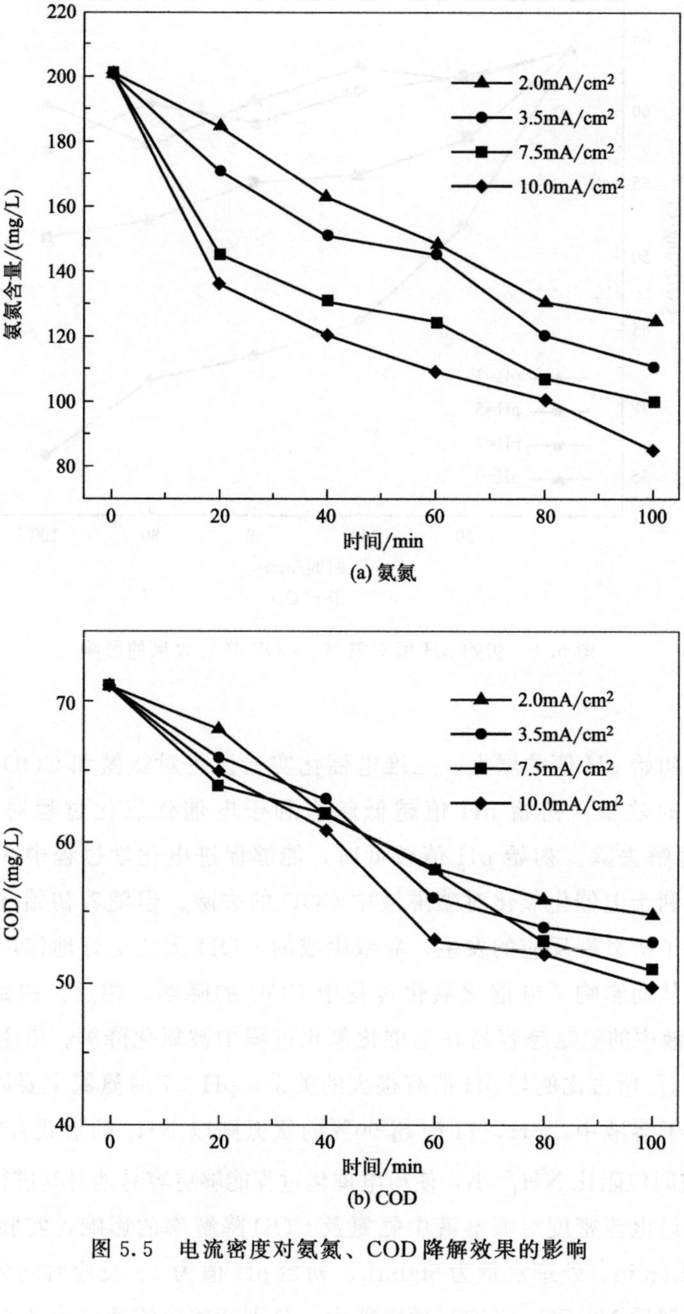

图 5.5　电流密度对氨氮、COD 降解效果的影响

随着电流密度的增加，促进了多维电催化实验设备对氨氮的降解，但对COD没有显著影响。当电流密度增大时，设备内两个极板间的得失电子反应增加，电子转移速度加快，从而产生更多的·OH，促进了喷淋液中氨氮

的降解去除。但因初始 pH 值过高，导致电流密度的增加对喷淋液中 COD 的降解去除无明显变化。

5.5 多相催化氧化技术原理分析

多相催化氧化技术以填料喷淋塔为反应主体，结合喷淋液、固相催化剂和活性氧分子注入，可对废气中的恶臭污染物进行有效降解去除，技术原理如图 5.6 所示。

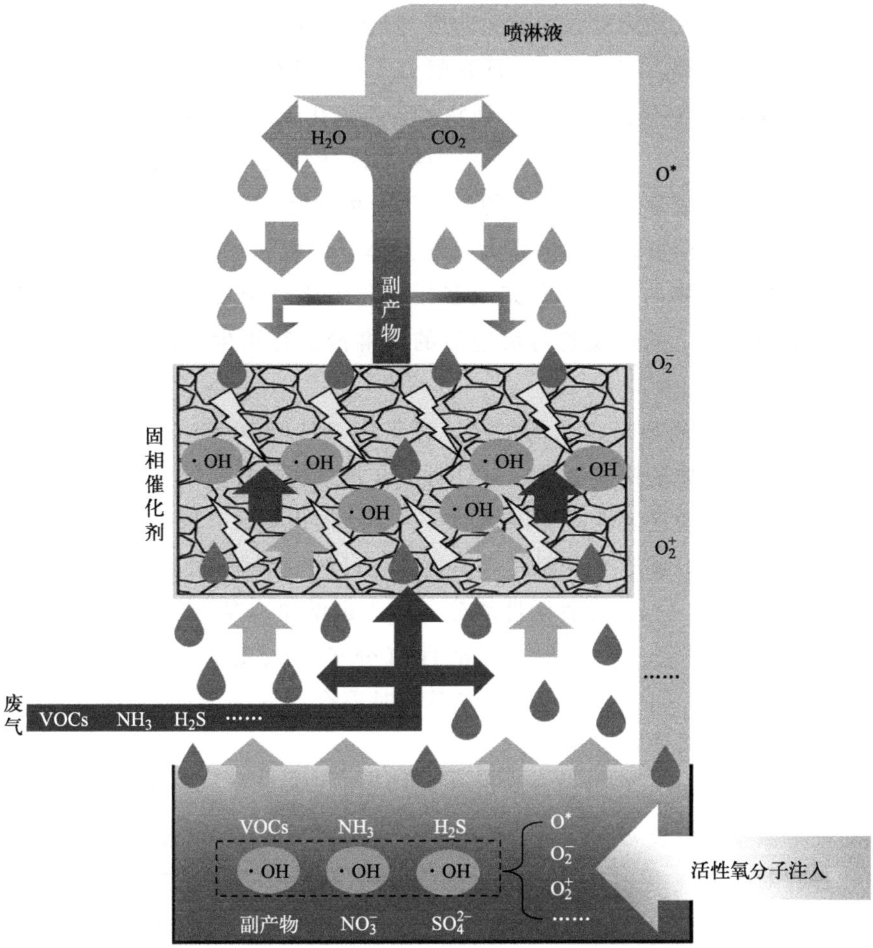

图 5.6　多相催化氧化处理有机废气的技术原理

活性氧分子注入喷淋液中为多相催化氧化体系提供氧化剂，在水力空化效应的作用下，一部分活性氧分子溶解进入液相，剩余未溶解的活性氧分子继续随气体向上。携带着溶解态活性氧分子的喷淋液在填料喷淋塔内自上而下喷洒，废气则逆向在塔内自下而上流动，两者均能与填充的固相催化剂进行充分接触。溶解态活性氧分子在固相催化剂的协同作用下激发产生大量·OH，废气中的部分恶臭污染物在与固相催化剂的充分接触中被吸附，进而被生成的·OH氧化降解，降解副产物则溶解进入喷淋液中。溶解态活性氧分子在水力空化作用下也能够分解产生部分·OH，可与喷淋液吸收截留的污染物和降解副产物发生氧化反应，在填料喷淋塔内部实现了一定程度上的喷淋液原位再生，延长了喷淋液的使用周期。另外，未溶解的活性氧分子随活性气体向上流动的过程中与逆向废气充分接触，也可在气相中对污染物进行直接氧化降解。综上所述，活性氧分子在固相催化剂和喷淋液的协同作用下，不仅能在气-气内完成对污染物的直接氧化降解，更能够在气-液、气-固中通过激发生成的·OH完成对污染物的间接氧化降解，实现多相催化氧化技术对废气中成分及性质复杂的各类污染物的处理。

本章主要利用填料喷淋塔作为反应主体，以甲苯和NH_3混合作为有机废气中混合污染物的代表，研究了多相催化氧化对废气中混合污染物的降解，并采用三维电催化设备对反应后的喷淋液进行再生，得出的主要结论如下：

① 随着填料喷淋塔级数的增加，废气中NH_3和甲苯与固相催化填料、喷淋液、活性气体的接触更加充分，对混合污染物的降解效果也随之有了显著的提升，在按顺序装填炭基催化填料、炭基催化填料、铁碳催化填料的三级填料喷淋塔中，反应平稳期混合废气中NH_3的降解率可达65.7%，甲苯的降解率可达45.1%。随着活性氧分子注入量增加，混合废气中NH_3和甲苯的降解率得到了一定的提升，活性氧分子注入量为70mg/(L·min)[(50+20)mg/(L·min)]时，反应平稳时混合废气中NH_3的降解率可达75.6%，甲苯的降解率可达59.7%。

② 采用多维电催化设备对喷淋液进行再生，分析了初始pH值、电流密度对喷淋液中氨氮及COD降解率的影响。初始pH值越低越有利于电催化氧化过程对喷淋液中COD的降解去除，然而初始pH值越高喷淋液中的氨氮越容易在电催化氧化过程中被氧化降解。随着电流密度的增加，促进了多维电催化实验设备对氨氮的降解，但对COD没有显著影响。

③ 多相催化氧化技术以填料喷淋塔为主体，结合了固相催化剂和活性

氧分子注入，提出了多相催化氧化处理废气的技术原理。

参考文献

[1] 邱子珂 . 多相催化氧化处理污泥干化废气的研究 [D]. 广州：中山大学，2021.

[2] Alaton I A, Balcioglu I A, Bahnemann D W. Advanced oxidation of a reactive dyebath effluent: Comparison of O_3, H_2O_2/UV-C and TiO_2/UV-A processes [J]. Water Research, 2002, 36(5): 1143-1154.

[3] Kasprzyk-Hordern B, Ziółek M, Nawrocki J. Catalytic ozonation and methods of enhancing molecular ozone reactions in water treatment [J]. Applied Catalysis B: Environmental, 2003, 46(4): 639-669.

[4] Benitez F J, Beltran-Heredia J, Peres J A, et al. Kinetics of p-hydroxybenzoic acid photodecomposition and ozonation in a batch reactor [J]. Journal of Hazardous Materials, 2000, 73(2): 161-178.

[5] Chen Y, Wu Y, Liu C, et al. Low-temperature conversion of ammonia to nitrogen in water with ozone over composite metal oxide catalyst [J]. Journal of Environmental Sciences, 2018, 66: 265-273.

[6] Fechete I, Wang Y, Védrine J C. The past, present and future of heterogeneous catalysis [J].Catalysis Today, 2012, 189(1): 2-27.

[7] Lin S H, Lai C L. Kinetic characteristics of textile wastewater ozonation in fluidized and fixed activated carbon beds [J]. Water Research, 2000, 34(3): 763-772.

[8] Legube B, Leitner N K V. Catalytic ozonation: A promising advanced oxidation technology for water treatment [J]. Catalysis Today, 1999, 53(1): 61-72.

[9] Li L, Ye W, Zhang Q, et al. Catalytic ozonation of dimethyl phthalate over cerium supported on activated carbon [J]. Journal of Hazardous Materials, 2009, 170(1): 411-416.

[10] Luo X, Yan Q, Wang C, et al. Treatment of ammonia nitrogen wastewater in low concentration by two-stage ozonization [J]. International Journal of Environmental Research and Public Health, 2015, 12(9): 11975-11987.

[11] Mu Y, Huang C, Li H, et al. Electrochemical degradation of ciprofloxacin with a Sb-doped SnO_2 electrode: Performance, influencing factors and degradation pathways [J].RSC Advances, 2019, 9(51): 29796-29804.

[12] Niu J, Bao Y, Li Y, et al. Electrochemical mineralization of pentachlorophenol (PCP) by Ti/SnO_2-Sb electrodes [J]. Chemosphere, 2013, 92(11): 1571-1577.

[13] Oguz E, Keskinler B, Çelik C, et al. Determination of the optimum conditions in the

removal of Bomaplex Red CR-L dye from the textile wastewater using O_3, H_2O_2, HCO_3^- and PAC [J] . Journal of Hazardous Materials, 2006, 131 (1-3) : 66-72.

[14] Pachhade K, Sandhya S, Swaminathan K. Ozonation of reactive dye, Procion red MX-5B catalyzed by metal ions [J] . Journal of Hazardous Materials, 2009, 167 (1-3) : 313-318.

[15] Pocostales J P, Sein M M, Knolle W, et al. Degradation of ozone-refractory organic phosphates in wastewater by ozone and ozone/hydrogen peroxide (peroxone) : the role of ozone consumption by dissolved organic matter [J] . Environmental Science & Technology, 2010, 44 (21) : 8248-8253.

[16] Qi F, Xu B, Chen Z, et al. Mechanism investigation of catalyzed ozonation of 2-methylisoborneol in drinking water over aluminum (hydroxyl) oxides: Role of surface hydroxyl group [J] . Chemical Engineering Journal, 2010, 165 (2) : 490-499.

[17] Yao Y, Teng G, Yang Y, et al. Electrochemical oxidation of acetamiprid using Yb-doped PbO_2 electrodes: Electrode characterization, influencing factors and degradation pathways [J] . Separation and Purification Technology, 2019, 211: 456-466.

[18] Martins R C, Quinta-Ferreira R M. Phenolic wastewaters depuration and biodegradability enhancement by ozone over active catalysts [J] . Desalination, 2011, 270 (1-3) : 90-97.

[19] Sánchez-Polo M, von Gunten U, Rivera-Utrilla J. Efficiency of activated carbon to transform ozone into · OH radicals: influence of operational parameters [J] . Water Research, 2005, 39 (14) : 3189-3198.

[20] Sirés I, Brillas E, Oturan M A, et al. Electrochemical advanced oxidation processes: today and tomorrow: A review [J] . Environmental Science and Pollution Research, 2014, 21: 8336-8367.

[21] Wang Y, Li X, Zhen L, et al. Electro-Fenton treatment of concentrates generated in nanofiltration of biologically pretreated landfill leachate [J] . Journal of Hazardous Materials, 2012, 229: 115-121.

[22] Zeng Z, Zou H, Li X, et al. Ozonation of phenol with O_3/Fe (Ⅱ) in acidic environment in a rotating packed bed [J] . Industrial & Engineering Chemistry Research, 2012, 51 (31) : 10509-10516.

第6章

日用化工污水处理站恶臭废气多相催化氧化治理工程

6.1 日用化工污水处理站恶臭废气特征

广州市某日用消费品公司，生产洗衣粉和沐浴露等多种日用化工品，现有自用污水处理站，需对环保除臭、废气处理设施升级改造，以满足日益严格的环保要求以及业主、周围居民对环境的更高需求。污水处理站臭气成分主要以挥发性硫有机化合物和氮化合物为主，通常由几十种甚至上百种臭味气体混合而成。面对上述成分复杂、臭气浓度较高的废气，单一的吸收法、吸附法、微生物降解法等治理技术工艺或设备明显不能够解决问题，因此企业选择了多相催化氧化技术。

6.2 恶臭废气治理工程初始工况

根据现场实际情况，对污水处理站各工序的废气密闭收集并集中进行处理，在满足各种环保要求的前提下，恶臭废气工程设计的初始条件如下：

① 废气风量：$15000m^3/h$。

② 废气温度：常温。

③ 含有无机恶臭污染物和有机恶臭污染物。

6.3 污水处理站恶臭废气治理工程设计处理目标

企业对治理工程提出了明确的环保目标要求，具体如下：经净化处理后的废气、臭气，根据业主以及规范要求，其有机废气部分排放标准参照广东省《大气污染物排放限值》(DB44/T 27—2001) 第二时段二级标准执行，臭气部分按《恶臭污染物排放标准》(GB 14554—93) 二级新扩改标准中的标准执行。

6.4 污水处理站恶臭废气多相催化氧化治理工艺流程

针对污水处理站废气中恶臭污染物，工程设计采用 2 级处理组合工艺——碱液吸收法＋多相催化氧化法，相应的环保设备采用第 1 级碱洗塔＋第 2 级氧化塔（多相催化氧化塔）。

（1）第 1 级碱洗塔

在喷淋循环水中投加少量碱液以增加对无机恶臭污染物（硫化氢、氨等）和颗粒物的吸收溶解，提高废气的处理效率。碱液投加采用 pH 值自动控制。

（2）第 2 级氧化塔（多相催化氧化塔）

主要处理恶臭污染物（无机恶臭污染物和有机恶臭污染物），多相催化氧化塔内置铁基催化剂和炭基催化剂填料区，外置注入式活性氧分子自由基发生器。

多相催化氧化塔工作原理：活性氧分子自由基发生器产生的活性氧分子气流注入多相催化氧化塔底部，并与引入多相催化氧化塔内的恶臭废气混合，随着气流的移动，在经过催化剂填料层后发生催化氧化反应。

① 填料中的吸附成分首先将废气中的恶臭污染物进行吸附；

② 填料中的催化成分与自由基活性氧分子进行协同催化氧化反应来降解被吸附的恶臭污染物，同时再生填料中吸附成分以恢复对恶臭污染物的吸附功能；

③ 一部分氧化性自由基在溶于循环水后，形成雾状与废气充分混合洗涤，可以对废气中部分恶臭污染物进行吸收氧化降解。

具体工程设计工艺流程如图 6.1 所示。

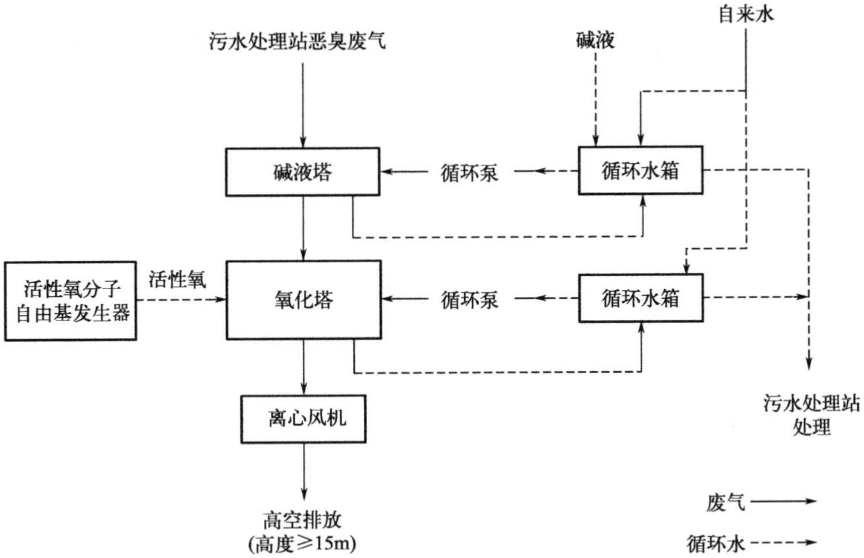

图 6.1　污水处理站恶臭废气多相催化氧化治理工艺流程

6.5 恶臭废气多相催化氧化治理设备和运行费用

6.5.1 恶臭废气多相催化氧化治理设备

(1) 碱液塔

① 数量：1套。

② 规格尺寸：直径2m，高5m。

③ 设备材质：304不锈钢（SUS304）。

④ 循环水泵：配防爆二级能效电机，功率1.5kW。

⑤ 其他：聚丙烯（PP）填料、除雾器、喷淋系统、无焰泄爆阀1个、自动加药系统。

(2) 氧化塔

① 数量：1套。

② 规格尺寸：直径2m，高5m。

③ 填料区：3层铁基催化剂和炭基催化混合填料层，顶部设置除雾层。

④ 材质：SUS304。

⑤ 设备压降：800Pa。

⑥ 循环水配置：水泵（防爆二级能效电机），功率1.5kW，设置2层喷淋，循环水箱设置自动补水装置，循环水定期自动排放至厂区污水处理站。

⑦ 其他：无焰泄爆阀1个；外置注入式活性氧分子自由基发生器1台，最大额定功率1.5kW。

(3) 离心风机

① 型号：ZYF-8C，整机防爆风机，二级能效电机。

② 材料：玻璃钢，含减震、软接、基础等。

③ 功率：22kW。

④ 其他：含隔声箱。

(4) 电气控制柜

室外型，防护等级IP56以上，SUS304材质，可编程逻辑控制器（PLC）跟显示屏采用AB品牌，22kW风机配变频器（Rockwell公司），元器件采用施耐德，3C认证（中国强制性产品认证），具有以太网通信功能。

(5) 风管

风管和管道支吊架等材质采用 SUS304。

6.5.2 运行费用

整体治理工程耗电设备：1 台离心风机 22kW，1 台碱液塔循环水泵 1.5kW，1 台氧化塔循环水泵 1.5kW，1 台活性氧分子自由基发生器 1.5kW，1 台排水电动阀 0.09kW，1 台搅拌机 0.37kW，1 台药剂泵 0.04kW。合计总功率 27kW。

基于系统装机容量为 27kW，例如每天工作按 12h 计算，电费按 0.80 元/(kW・h) 计，电机功率系数按 0.8 计，即电机（每天）耗电费用：27×12×0.80×0.8=207.36 元/d。

6.6 恶臭废气多相催化氧化治理工程调试与监测

污水处理站恶臭废气多相催化氧化治理工程从立项到验收监测完成，共计持续约 6 个月时间。

治理工程平面图如图 6.2 所示，对应的现场环保系统如图 6.3 所示。

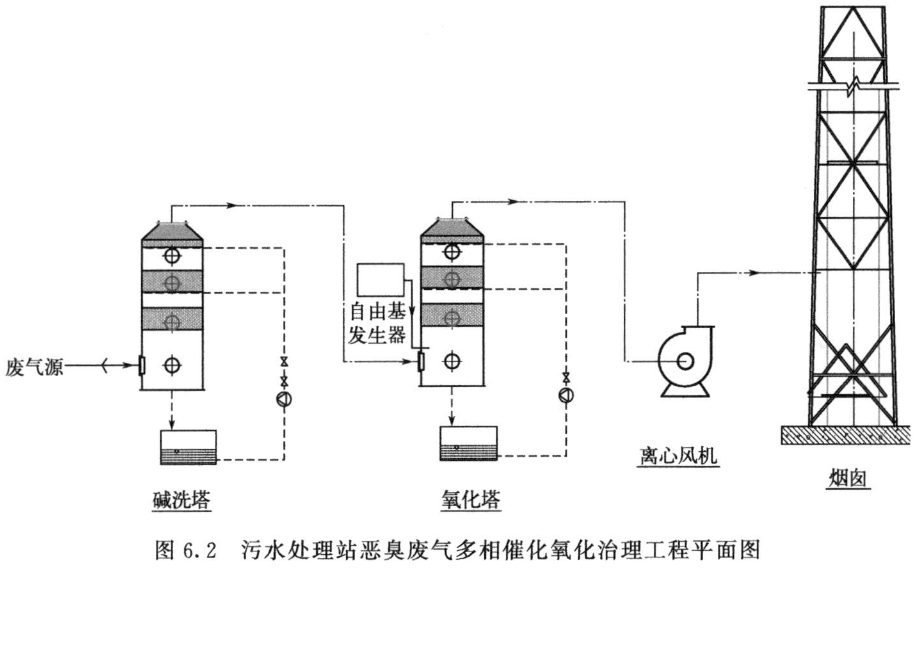

图 6.2　污水处理站恶臭废气多相催化氧化治理工程平面图

图 6.3 污水处理站恶臭废气多相催化氧化治理工程环保系统实照

企业对治理工程进行实时监测，常态生产负荷下，通过末端排气筒检测口采样，整体治理工程达到了企业设定的目标要求，满足了国家及地方相关环保法规，实现了预期目标。

参考文献

[1] 中华人民共和国大气污染防治法（2018 修正）.

[2] 大气污染物综合排放标准 . GB 16297—1996.

[3] 恶臭污染物排放标准 . GB 14554—93.

[4] 城镇污水处理厂臭气处理技术规程 . CJJ/T 243—2016.

[5] 建设项目环境保护设计规定 . 2009.

[6] 中华人民共和国环境保护法 . 2015.

[7] 大气污染物排放限值 . DB44/27—2001.

[8] 通风与空调工程施工质量验收规范 . GB 50243—2016.

[9] 工业企业厂界环境噪声排放标准 . GB 12348—2008.

[10] 董志权 . 工业废气污染控制与利用［M］. 北京：化学工业出版社，1998.

[11] 魏先勋 . 环境工程设计手册（修订版）［M］. 长沙：湖南科技出版社，2002.

第7章

方便面厂油烟废气多相催化氧化治理工程

7.1 方便面厂油烟废气特征

福建省某方便面厂在生产快食过程中，在做酱料的过程中会挥发产生一定量的异味废气，这股废气中的污染因子为油烟、VOCs（芳香烃和不饱和脂肪烃等）和其他异味气体等污染物。这股废气污染强度大，尤其是做重口味酱料的过程中更加明显，原始臭气浓度为3500～4000（无量纲）。废气温度较高、污染成分复杂，废气中的异味成分容易对周围环境造成一定的污染，扰民现象难以避免。面对上述成分复杂、臭气浓度较高的废气，单一的吸收法、吸附法、水洗喷淋法、微生物降解法、燃烧法及冷凝法等治理技术工艺或设备明显不能够解决上述问题。因此，需要进行多级串联组合工艺进行处理。

7.2 油烟废气治理工程初始工况

根据方便面厂生产车间和现场实际条件，在满足各种环保要求的前提下，油烟废气工程设计的初始条件如下：

① 废气风量：10000m^3/h。

② 废气温度：约125℃。

③ 废气初始臭气浓度为3500～4000（无量纲），并含有一定量油烟颗粒。

7.3 油烟废气治理工程设计处理目标

方便面厂对治理工程提出了明确的环保目标要求，具体如下：

① 恶臭气体：在炒制酱料时段（加入生鲜料时段），臭气浓度≤1000（无量纲）（排放高度≥15m）。

② 油烟：在炒制酱料时段（加入生鲜料时段），油烟排放浓度≤1mg/m^3。

③ 颗粒物：排放浓度≤5mg/m^3。

④ 非甲烷总烃：排放浓度≤10mg/m^3。

⑤ 循环水排放可按生活水排放。

7.4　油烟废气多相催化氧化治理工艺流程

针对废气中恶臭污染物成分和油烟颗粒，工程设计采用 2 级处理组合工艺——碱液吸收法＋多相催化氧化法，相应的环保设备采用第 1 级气液旋流喷淋塔＋第 2 级多相催化氧化塔。

（1）第 1 级气液旋流喷淋塔

在喷淋循环水中投加少量碱液以增强对油烟颗粒的吸收溶解，提高油烟颗粒的处理效率。

气旋混动喷淋塔工作原理如下：

设备作业时，油烟废气在负压风机牵引力的作用下进入高速旋流导轨装置，油烟颗粒、旋风与水（循环水中投加少量碱液）在高速旋转的装置中进行气液乳化反应。气动混流装置的高速运转，使得油烟颗粒与旋转液体充分混合，在离心力的作用下达到分离。气旋桶内部采用水泵循环给水，由安装在隔水层底部的螺旋喷嘴喷出来，油烟颗粒被吸收、分离出来，分离后的气体进入环保填充料隔水层进行除雾处理，然后进入后段的废气处理设备。碱液投加采用 pH 值自动控制。

（2）第 2 级多相催化氧化塔

主要处理恶臭污染物，多相催化氧化塔内置铁基催化剂和炭基催化剂填料区，外置注入式活性氧分子自由基发生器。

多相催化氧化塔工作原理：

活性氧分子自由基发生器产生的活性氧分子气流注入多相催化氧化塔底部，并与引入多相催化氧化塔内的油烟废气混合，随着气流的移动，在经过催化剂填料层后发生催化氧化反应。

① 填料中的吸附成分首先将废气中的恶臭污染物进行吸附；

② 填料中的催化成分与自由基活性氧分子进行协同催化氧化反应来降解被吸附的恶臭污染物，同时再生填料中吸附成分以恢复对恶臭污染物的吸附功能；

③ 一部分氧化性自由基在溶于循环水后，形成雾状与废气充分混合洗涤，可以对废气中部分恶臭污染物进行吸收氧化降解。

具体工程设计工艺流程如图 7.1 所示。

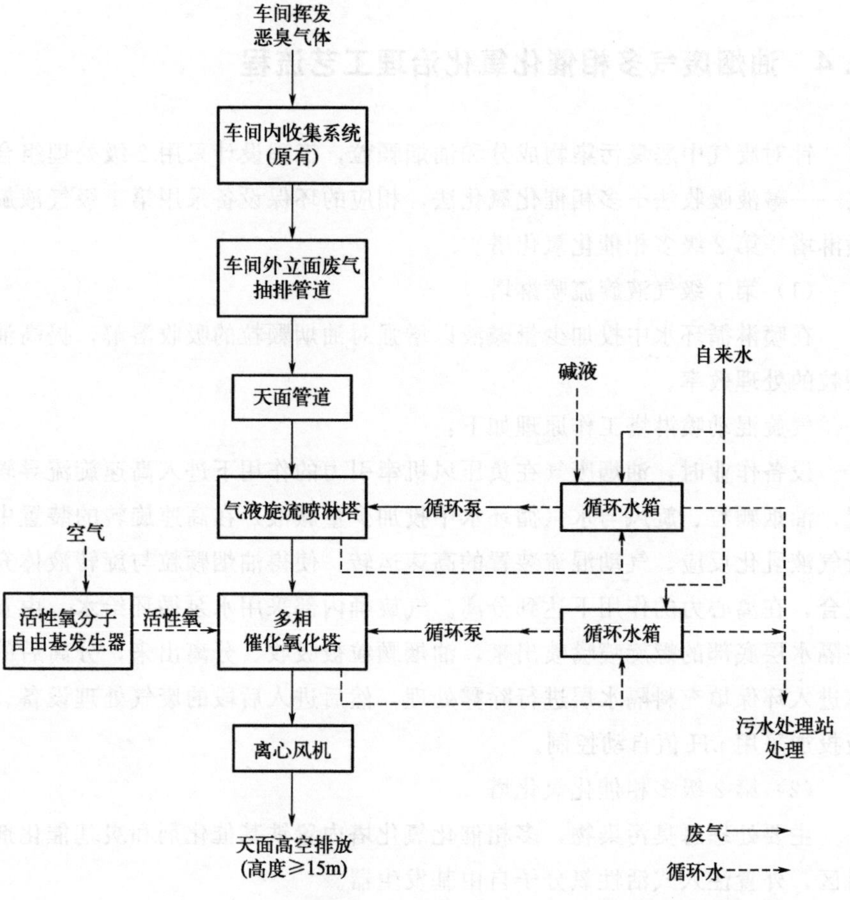

图 7.1　油烟废气多相催化氧化治理工艺流程

7.5　油烟废气多相催化氧化治理设备和运行费用

7.5.1　油烟废气多相催化氧化治理设备

(1) 气液旋流喷淋塔

① 数量：1 套。

② 规格尺寸：长 1.9m，宽 1m，高 2.8m。

③ 进风口：长 0.68，宽 0.5m。

④ 出风口：直径 500mm。

⑤ 气旋桶：1 个，直径 700mm。

⑥ 填料区：2 层环保球填料、1 层喷雾、1 层旋流，气旋混动和汽水分离。

⑦ 设备材质：304 不锈钢。

⑧ 循环水泵：耐腐蚀水泵 1 台，功率 1.5kW。

⑨ 风阻：500～650Pa。

（2）多相催化氧化塔

① 数量：1 套。

② 规格尺寸：直径 1.8m，高 5.5m。

③ 填料区：3 层铁基催化剂和炭基催化混合填料层，顶部设置除雾层。

④ 材质：SUS304，外壳板厚 2.5mm。

⑤ 设备压降：800Pa。

⑥ 循环水配置：功率 1.5kW 耐腐蚀循环水泵 1 台，设置 3 层喷淋，循环水箱设置自动补水装置，循环水定期自动排放至厂区自建污水处理站。

⑦ 其他：外置注入式活性氧分子自由基发生器 1 台，最大额定功率 4kW。

（3）离心风机

① 型号：4-72-6C。

② 材料：叶轮、外壳、轴盘材质为 SUS304。

③ 功率：11kW。

④ 其他：西门子电机，NTN 轴承。

（4）电气控制柜

控制箱为室外型，外壳材质为 SUS304，西门子变频器，远程控制箱，系统具有自动、手动两种操作方式，自动运行时具有联锁功能，设备电柜安装急停及复位按钮。

（5）风管

室外风管材质为 SUS304，板厚 0.8mm；配套法兰材质为 A3 碳钢，螺栓为镀锌螺栓；法兰及吊架采用防腐涂料涂层；管道固定支架材质为 A3 碳钢。

7.5.2 运行费用

整体治理工程耗电设备：1 台离心风机 18.5kW，1 台旋流塔循环水泵

1.5kW，1台氧化塔循环水泵2.2kW，1台活性氧分子自由基发生器2.75kW，1台排水电动阀0.09kW，1台搅拌机0.37kW，1台药剂泵0.04kW。合计总功率25.45kW。

基于系统装机容量为25.45kW，例如每天工作按12h计算，电费按0.80元/(kW·h)计，电机功率系数按0.8计，即电机（每天）耗电费用：25.45×12×0.80×0.8=195.46元/d。

7.6 油烟废气多相催化氧化治理工程调试与监测

油烟废气多相催化氧化治理工程从立项到验收监测完成，共计持续约6个月时间。

治理工程立面如图7.2所示，对应的现场环保系统如图7.3所示。

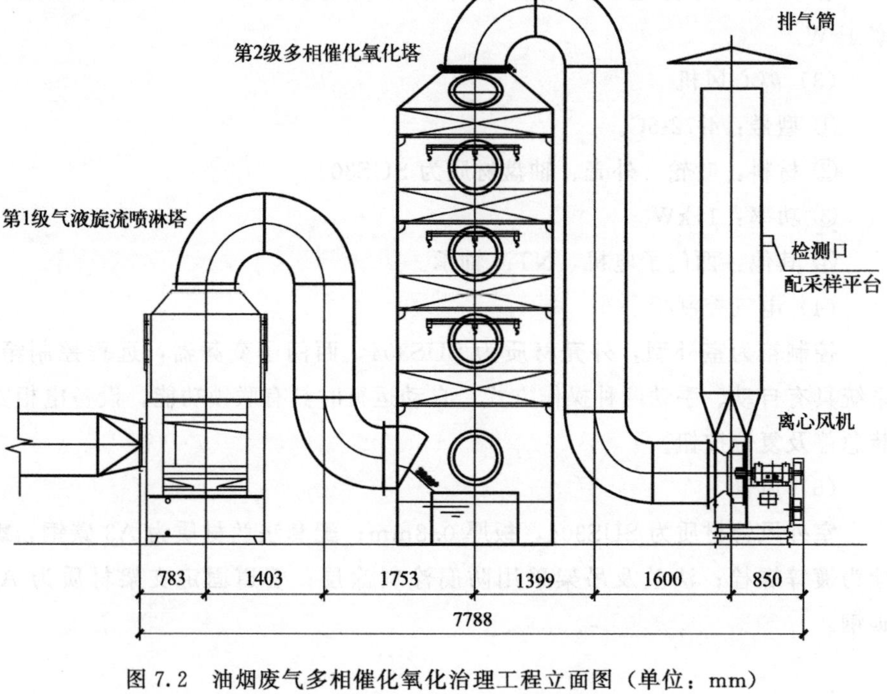

图7.2 油烟废气多相催化氧化治理工程立面图（单位：mm）

委托第三方环保检测公司，2021年1月26日对治理工程进行实时监

图 7.3　油烟废气多相催化氧化治理工程实照

测，常态生产负荷下，通过末端排气筒检测口采样（采样高度 22m），检测结果如下：

① 标态干烟气量均值：8080m^3/h。

② 颗粒物排放浓度：2.0mg/m^3。

③ 颗粒物排放速率：0.0162kg/h。

④ 非甲烷总烃：3.38mg/m^3。

⑤ 臭气浓度：271（无量纲）。

整体治理工程达到了企业设定的目标要求，满足了国家及地方相关环保法规，实现了预期目标。

参考文献

[1] 中华人民共和国大气污染防治法（2018 修正）.
[2] 大气污染物综合排放标准 . GB 16297—1996.
[3] 恶臭污染物排放标准 . GB 14554—93.
[4] 建设项目环境保护设计规定 . 2009.
[5] 中华人民共和国环境保护法 . 2015.
[6] 大气污染物排放限值 . DB44/27—2001.
[7] 通风与空调工程施工质量验收规范 . GB 50243—2016.
[8] 工业企业厂界环境噪声排放标准 . GB 12348—2008.
[9] 董志权 . 工业废气污染控制与利用［M］. 北京：化学工业出版社，1998.
[10] 魏先勋 . 环境工程设计手册（修订版）［M］. 长沙：湖南科技出版社，2002.

第8章

燃料电池催化材料有机废气多相催化氧化治理工程

8.1 催化材料有机废气特征

广东省某燃料电池公司在生产新型催化材料过程中会产生一定量的含VOCs异味气体，污染成分复杂，废气中的异味成分容易对周围环境造成一定的污染，扰民现象难以避免。面对上述成分复杂、臭气浓度不高的废气，该公司选择了多相催化氧化治理技术。

8.2 催化材料有机废气治理工程初始工况

根据车间生产线和现场实际条件，在满足各种环保要求的前提下，燃料电池催化材料有机废气工程设计的初始条件如下：

① 废气风量：$3000m^3/h$。

② 废气温度：常温。

③ 废气含有 VOCs 污染，具有一定异味，含有少量颗粒物。

8.3 催化材料有机废气治理工程设计处理目标

燃料电池公司对治理工程提出的环保目标要求：

① 颗粒物：排放浓度$\leqslant 18mg/m^3$。

② TVOCs：排放浓度$\leqslant 100mg/m^3$。

8.4 催化材料有机废气多相催化氧化治理工艺流程

针对废气中 VOCs 污染物成分，工程设计采用 2 级处理组合工艺——碱液吸收法＋多相催化氧化法，相应的环保设备采用第 1 级气液旋流喷淋塔＋第 2 级多相催化氧化塔。

（1）第 1 级气液旋流喷淋塔

在喷淋循环水中投加少量碱液以增加对黏性颗粒物的吸收溶解，提高处理效率。

气旋混动喷淋塔工作原理：

设备作业时，废气在负压风机牵引力的作用下进入高速旋流导轨装置，黏性颗粒物、旋风与水（循环水中投加少量碱液）在高速旋转的装置中进行气液乳化反应。气动混流装置的高速运转，使得黏性颗粒物与旋转液体充分混合，在离心力的作用下实现分离。气旋桶内部采用水泵循环给水，由安装在隔水层底部的螺旋喷嘴喷出来，黏性颗粒物被吸收、分离出来，分离后的气体进入环保填充料隔水层进行除雾处理，然后进入后段的废气处理设备。碱液投加采用 pH 值自动控制。

（2）第 2 级多相催化氧化塔

主要处理异味 VOCs 污染物，多相催化氧化塔内置铁基催化剂和炭基催化剂填料区，外置注入式活性氧分子自由基发生器。

多相催化氧化塔工作原理：

活性氧分子自由基发生器产生的活性氧分子气流注入多相催化氧化塔底部，并与引入多相催化氧化塔内的油烟废气混合，随着气流的移动，在经过催化剂填料层后发生催化氧化反应。

① 填料中的吸附成分首先将废气中的恶臭污染物进行吸附；

② 填料中的催化成分与自由基活性氧分子进行协同催化氧化反应来降解被吸附的异味 VOCs 污染物，同时再生填料中吸附成分以恢复对异味 VOCs 污染物的吸附功能；

③ 一部分氧化性自由基在溶于循环水后形成雾状与废气充分混合洗涤，可以对废气中部分恶臭污染物进行吸收氧化降解。

具体工程设计工艺流程如图 8.1 所示。

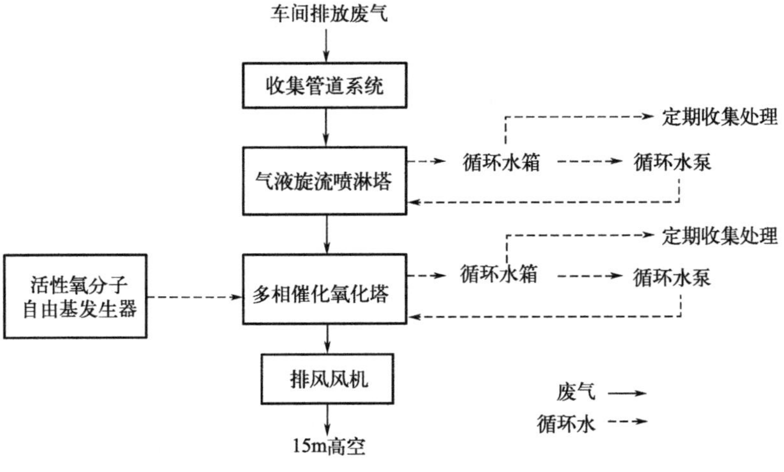

图 8.1 燃料电池催化材料有机废气多相催化氧化治理工艺流程

8.5 催化材料有机废气多相催化氧化治理设备和运行费用

8.5.1 催化材料有机废气多相催化氧化治理设备

(1) 气液旋流喷淋塔

① 数量：1套。

② 规格尺寸：长1.1m，宽0.8m，高2.7m。

③ 填料区：2层环保球填料、1层喷雾、1层旋流，气旋混动和汽水分离。

④ 设备材质：SUS201。

⑤ 循环水泵：耐腐蚀水泵1台，功率1.5kW。

(2) 多相催化氧化塔

① 数量：1套。

② 规格尺寸：直径0.95m，高2.6m。

③ 填料区：2层铁基催化剂和炭基催化混合填料层，顶部设置除雾层。

④ 材质：SUS201。

⑤ 循环水配置：功率1.5kW耐腐蚀循环水泵1台，设置3层喷淋，循环水箱设置自动补水装置，循环水定期收集委外处理。

⑥ 其他：外置注入式活性氧分子自由基发生器1台，最大额定功率2kW。

(3) 离心风机

① 型号：4-72-4A。

② 材料：叶轮、外壳、轴盘材质为碳钢。

③ 功率：5.5kW。

(4) 电气控制柜

控制箱为室外防水型，电箱材质系统具有自动、手动两种操作方式，设备电柜安装急停及复位按钮。

(5) 风管

室外风管材质为镀锌板，板厚0.8mm；配套法兰材质为镀锌，螺栓为镀锌螺栓；法兰及吊架采用防腐油漆涂层；管道固定支架材质为A3碳钢。

8.5.2 运行费用

整体治理工程耗电设备：1 台离心风机 5.5kW，1 台旋流塔循环水泵 1.1kW，1 台氧化塔循环水泵 0.75kW，1 台活性氧分子自由基发生器 2.0kW，1 台搅拌机 0.37kW，1 台药剂泵 0.022kW。合计总功率 9.742kW。

基于系统装机容量为 9.742kW，例如每天工作按 12h 计算，电费按 0.80 元/(kW·h) 计，电机功率系数按 0.8 计，即电机（每天）耗电费用：9.742×12×0.80×0.8=74.82 元/d。

8.6 催化材料有机废气多相催化氧化治理工程调试与监测

催化材料有机废气多相催化氧化治理工程从立项到验收监测完成，共计持续约 6 个月时间。

治理工程立面如图 8.2 所示，对应的现场环保系统如图 8.3 所示。

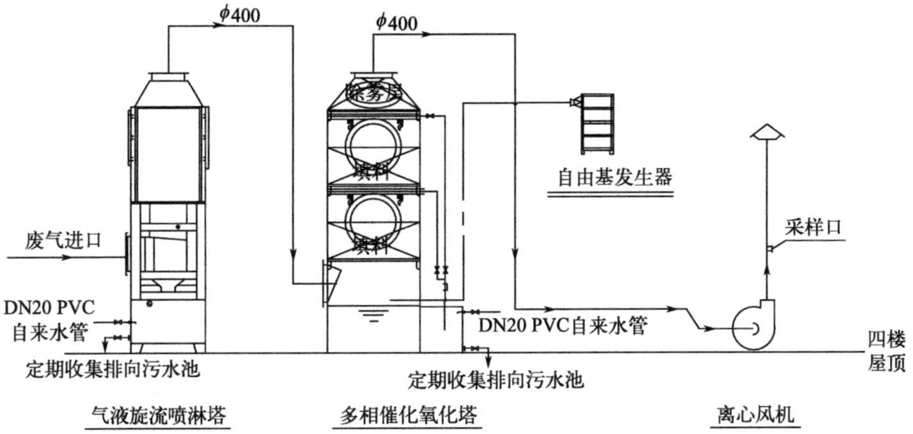

图 8.2　催化材料有机废气多相催化氧化治理工程立面图（单位：mm）

委托第三方环保检测公司，2021 年 1 月 26 日对治理工程进行实时监测，常态生产负荷下，通过末端排气筒检测口采样（采样高度 22m），检测结果如下：

图 8.3 催化材料有机废气多相催化氧化治理工程环保系统实照

① 标态干烟气量均值：8080m^3/h。

② 颗粒物排放浓度：2.0mg/m^3。

③ 颗粒物排放速率：0.0162kg/h。

④ 非甲烷总烃：3.38mg/m^3。

⑤ 臭气浓度：271（无量纲）。

整体治理工程达到了企业设定的目标要求，满足了国家及地方相关环保法规，实现了预期目标。

参考文献

[1] 中华人民共和国大气污染防治法（2018 修正）.

[2] 大气污染物综合排放标准. GB 16297—1996.

[3] 恶臭污染物排放标准 . GB 14554—93.
[4] 建设项目环境保护设计规定 . 2009.
[5] 中华人民共和国环境保护法 . 2015.
[6] 大气污染物排放限值 . DB44/27—2001.
[7] 通风与空调工程施工质量验收规范 . GB 50243—2016.
[8] 工业企业厂界环境噪声排放标准 . GB 12348—2008.
[9] 董志权 . 工业废气污染控制与利用［M］.北京：化学工业出版社，1998.
[10] 魏先勋 . 环境工程设计手册（修订版）［M］.长沙：湖南科技出版社，2002.

第9章

汽车维修喷涂有机废气多相催化氧化治理工程

9.1 汽车维修喷涂有机废气特征

广州市某汽车服务有限公司主要从事汽车维修、汽车保养、汽车钣喷服务，年服务汽车1.8万辆。厂区内建设有5个喷漆房以及1个调漆室。在对汽车表面进行表面涂装处理的过程中会产生一定量的喷涂VOCs废气。在表面涂装过程中会产生两种污染物：

① 漆雾：在喷涂时油漆在高压作用下释放出大量油漆颗粒随气流弥散形成漆雾。

② 挥发性有机物（VOCs）：有机溶剂是用来稀释油漆达到漆表面光滑美观的目的，但是有机溶剂是不会随漆脂附着在喷涂物表面的，在喷涂和烘干过程将全部释放出来形成有机废气（含苯、甲苯、二甲苯等），有机废气是具有刺激性的气体，无色，排放至大气中会通过呼吸或直接作用于人体，对人们的皮肤、血液、心肺、肝脏、神经、眼睛产生危害。

为了更好地保护周边环境，企业选择了多相催化氧化技术处理喷涂有机废气。

9.2 喷涂有机废气治理工程初始工况

根据厂区车间和现场实际条件，在满足各种环保要求的前提下，喷涂有机废气工程设计的初始条件：建设单位共设置5个喷漆柜以及1个调漆房，按照业主要求，单个喷漆房的废气排放量为14000m^3/h，调漆房废气排放量为2000m^3/h，则合计废气排放量为72000m^3/h。

9.3 喷涂有机废气治理工程设计处理目标

汽车服务有限公司对治理工程提出了明确的环保目标要求，具体如下：对污染废气实施有效的环保治理措施，可以使排放到大气中的污染物量得到有效控制，处理效率长期稳定在90%以上，挥发性有机化合物排放限值标准参照《表面涂装（汽车制造业）挥发性有机化合物排放标准》（DB44/816—2010）执行。

9.4 喷涂有机废气多相催化氧化治理工艺流程

针对废气中 VOCs 污染物和漆雾油烟颗粒，工程设计采用 3 级处理组合工艺——过滤法＋多相催化氧化法＋炭基催化氧化法，相应的环保设备采用第 1 级预过滤器＋第 2 级多相催化氧化塔＋第 3 级炭基催化氧化净化器。

（1）第 1 级预过滤器

内有吸漆雾过滤袋，利用过滤袋的截留作用，去除废气中的颗粒物和漆雾。

（2）第 2 级多相催化氧化塔

主要处理 VOCs 污染物，多相催化氧化塔内置铁基催化剂和炭基催化剂填料区，外置注入式活性氧分子自由基发生器。

多相催化氧化塔工作原理：

活性氧分子自由基发生器产生的活性氧分子气流注入多相催化氧化塔底部，并与引入多相催化氧化塔内的喷漆有机废气混合，随着气流的移动，在经过催化剂填料层后发生催化氧化反应。

① 填料中的吸附成分首先将废气中的 VOCs 污染物进行吸附；

② 填料中的催化成分与自由基活性氧分子进行协同催化氧化反应来降解被吸附的 VOCs 污染物，同时再生填料中吸附成分以恢复对 VOCs 污染物的吸附功能；

③ 一部分氧化性自由基在溶于循环水后，形成雾状与废气充分混合洗涤，可以对废气中部分 VOCs 污染物进行吸收氧化降解。

（3）第 3 级炭基催化氧化净化器

主要处理残留 VOCs 污染物，内置高碘值炭基催化剂，对 VOCs 吸附截留，有效吸附废气中的残留 VOCs，提高催化剂内高活性金属与污染物的接触概率和反应效率，同时活性金属促进残留活性氧分子快速分解形成羟基自由基，与周边 VOCs 发生氧化反应生成二氧化碳和水，同时达到对 VOCs 吸附与矿化的效果，实现原位吸附、原位降解及炭基催化剂原位再生。

具体工程设计工艺流程如图 9.1 所示。

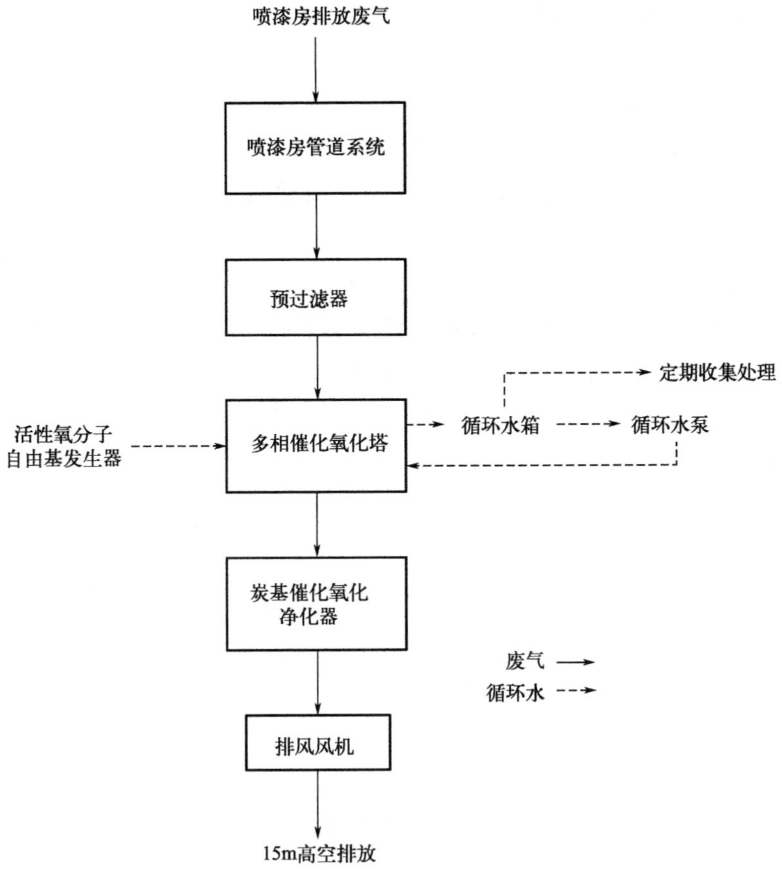

图 9.1　喷涂有机废气多相催化氧化治理工艺流程

9.5　喷涂有机废气多相催化氧化治理设备和运行费用

9.5.1　喷涂有机废气多相催化氧化治理设备

（1）预过滤器

① 数量：1 套。

② 处理能力：72000m^3/h。

③ 主体材质：镀锌板。

④ 过滤材质：中效袋式过滤器。

⑤ 附属设施：压差计。

（2）多相催化氧化塔

① 数量：1套。

② 规格尺寸：直径4.2m，高6m。

③ 填料区：3层铁基催化剂和炭基催化混合填料层，顶部设置除雾层。

④ 材质：SUS201。

⑤ 循环水配置：功率7.5kW循环水泵1台，设置3层喷淋，循环水箱设置自动补水装置，循环水定期收集处理。

⑥ 其他：外置注入式活性氧分子自由基发生器1台，最大额定功率3kW。

（3）炭基催化氧化净化器

① 数量：1套。

② 设备尺寸：长4.4m，宽3.2m，高3.5m。

③ 外壳材质：镀锌板。

④ 炭基催化剂装填量：$7.2m^3$。

（4）离心风机

① 型号：4-68-12.5C。

② 材料：叶轮、外壳、轴盘材质为碳钢。

③ 功率：75kW。

④ 风压：1991Pa。

（5）电气控制柜

控制箱为室外型，外壳材质为SUS201，远程控制箱，系统具有自动、手动两种操作方式，自动运行时具有联锁功能，设备电柜安装急停及复位按钮。

（6）风管

室外风管材质为SUS304，板厚0.8mm；配套法兰材质为A3碳钢，螺栓为镀锌螺栓；法兰及吊架采用防腐涂料涂层；管道固定支架材质为A3碳钢。

9.5.2　运行费用

整体治理工程耗电设备：1 台离心风机 75kW，1 台氧化塔循环水泵 7.5kW，1 台活性氧分子自由基发生器 3kW，1 台排水电动阀 0.09kW。合计总功率 85.59kW。

基于系统装机容量为 85.59kW，例如每天工作按 12h 计算，电费按 0.80 元/(kW·h) 计，电机功率系数按 0.8 计，即电机（每天）耗电费用：85.59×12×0.80×0.8=657.33 元/d。

9.6　喷涂有机废气多相催化氧化治理工程调试与监测

喷涂有机废气多相催化氧化治理工程从立项到验收监测完成，共计持续约 5 个月时间。

治理工程立面如图 9.2 所示，对应的现场环保系统如图 9.3 所示。

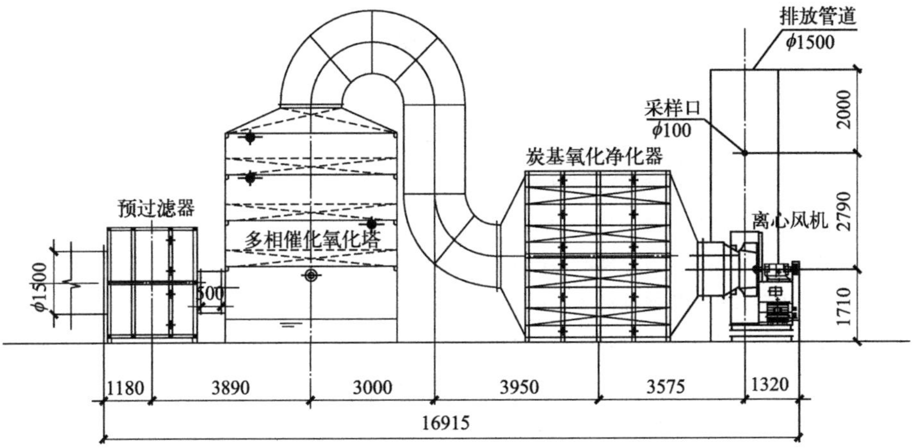

图 9.2　喷涂有机废气多相催化氧化治理工程立面图（单位：mm）

工程竣工后，企业安装了 VOCs 在线监测仪器，常态生产负荷下，通过末端排气筒检测口自动采样，整体治理工程处理效率达到了企业设定的目标要求，满足了国家及地方相关环保法规，实现了预期目标。

图 9.3　喷涂有机废气多相催化氧化治理工程环保设备实照

参考文献

[1] 中华人民共和国大气污染防治法（2018 修正）.
[2] 大气污染物综合排放标准 . GB 16297—1996.
[3] 恶臭污染物排放标准 . GB 14554—93.
[4] 建设项目环境保护设计规定 . 2009.
[5] 中华人民共和国环境保护法 . 2015.
[6] 大气污染物排放限值 . DB44/27—2001.
[7] 通风与空调工程施工质量验收规范 . GB 50243—2016.
[8] 工业企业厂界环境噪声排放标准 . GB 12348—2008.
[9] 董志权 . 工业废气污染控制与利用 [M] .北京：化学工业出版社，1998.
[10] 魏先勋 . 环境工程设计手册（修订版）[M] .长沙：湖南科技出版社，2002.

第10章

塑料包装制品厂印刷及注塑有机废气多相催化氧化治理工程

10.1 塑料包装制品厂有机废气特征

广州市某生活健康用品有限公司主要生产塑料包装瓶、直立袋、环保袋等塑料制品，在印刷和注塑工序中产生 VOCs（苯乙烯、甲苯等）污染性气体。为了更好地保护周边环境，车间内产生的有机废气（印刷有机废气和注塑有机废气）需要集中收集治理，企业选择了多相催化氧化技术，采用多级串联组合工艺进行治理。

10.2 塑料包装制品厂有机废气初始工况

根据塑料包装制品厂生产车间和现场实际条件，印刷一车间和塑胶一车间产生的印刷废气和注塑废气合并处理，定位为印刷有机废气，塑胶二车间 A 区和 B 区产生的注塑废气合并处理，定位为注塑有机废气。

工程设计的初始条件如下：

① 印刷一车间和塑胶一车间合并收集，印刷有机废气风量：60000 m^3/h。

② 塑胶二车间 A 区和 B 区合并收集，注塑有机废气风量：61000m^3/h。

10.3 塑料包装制品厂有机废气治理工程设计处理目标

塑料包装制品厂对治理工程提出了明确的环保目标要求，具体如下：

① 非甲烷总烃：排放执行《合成树脂工业污染物排放标准》（GB 31572—2015）表 5 大气污染物特别排放限值及表 9 企业边界大气污染物浓度限值相关要求。

② VOCs：排放执行《印刷行业挥发性有机化合物排放标准》（DB 44/815—2010）Ⅱ时段排气筒 VOCs 排放限值要求。

③ 臭气浓度：排放执行《恶臭污染物排放标准》（GB 14554—93）相应排气筒高度标准恶臭污染物排放限值要求。

10.4　塑料包装制品厂有机废气多相催化氧化治理工艺流程

针对塑料包装制品厂产生的有机废气（印刷有机废气和注塑有机废气）中异味 VOCs 污染物，工程设计采用 2 级处理组合工艺——多相催化氧化法＋炭基催化氧化法，相应的环保设备采用第 1 级多相催化氧化塔＋第 2 级炭基催化氧化净化器。

（1）第 1 级多相催化氧化塔

主要处理 VOCs 污染物，多相催化氧化塔内置铁基催化剂和炭基催化剂填料区，外置注入式活性氧分子自由基发生器。

多相催化氧化塔工作原理：

活性氧分子自由基发生器产生的活性氧分子气流注入多相催化氧化塔底部，并与引入多相催化氧化塔内的喷漆有机废气混合，随着气流的移动，在经过催化剂填料层后发生催化氧化反应。

① 填料中的吸附成分首先将废气中的 VOCs 污染物进行吸附；

② 填料中的催化成分与自由基活性氧分子进行协同催化氧化反应来降解被吸附的 VOCs 污染物，同时再生填料中吸附成分以恢复对 VOCs 污染物的吸附功能；

③ 一部分氧化性自由基在溶于循环水后，形成雾状与废气充分混合洗涤，可以对废气中部分 VOCs 污染物进行吸收氧化降解。

（2）第 2 级炭基催化氧化净化器

主要处理残留 VOCs 污染物，内置高碘值炭基催化剂，对 VOCs 吸附截留，有效吸附废气中的残留 VOCs，提高催化剂内高活性金属与污染物的接触概率和反应效率，同时活性金属促进残留活性氧分子快速分解形成羟基自由基，与周边 VOCs 发生氧化反应生成二氧化碳和水，同时达到对 VOCs 吸附与矿化的效果，实现原位吸附、原位降解及炭基催化剂原位再生。

具体工程设计工艺流程如图 10.1 所示。

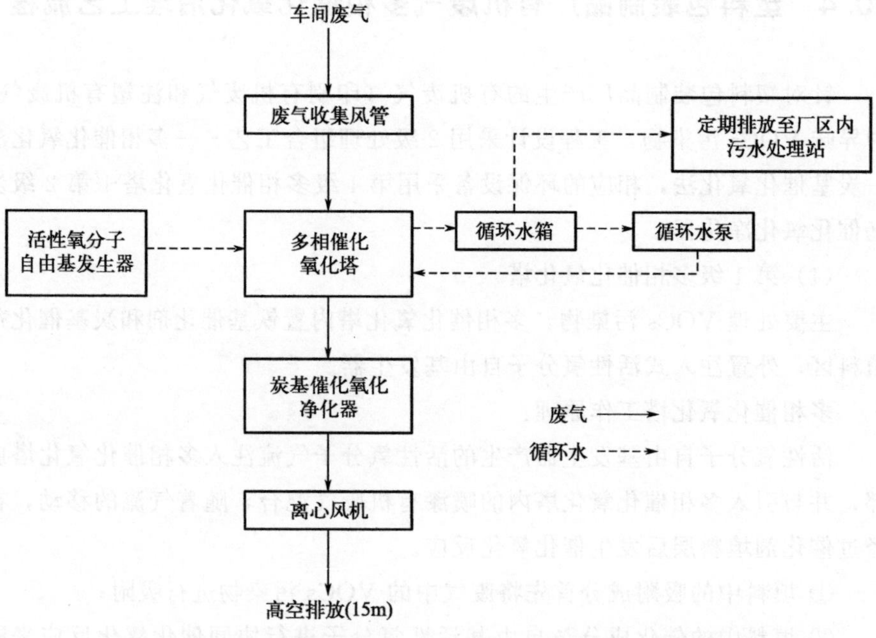

图 10.1 塑料包装制品厂有机废气多相催化氧化治理工艺流程

10.5 印刷有机废气多相催化氧化治理设备和运行费用

10.5.1 印刷有机废气多相催化氧化治理设备

(1) 多相催化氧化塔

① 数量：1套。

② 规格尺寸：直径 3.8m，高 4.2m。

③ 填料区：2层铁基催化剂和炭基催化混合填料层，顶部设置除雾层。

④ 材质：SUS304。

⑤ 循环水配置：功率 7.5kW 循环水泵 1 台，设置 3 层喷淋，循环水箱设置自动补水装置，循环水定期排放到厂区污水处理站。

⑥ 其他：外置注入式活性氧分子自由基发生器 3 台，单台最大额定功率 2kW。

（2）炭基催化氧化净化器

① 数量：1套。

② 设备尺寸：长3m，宽2.6m，高3.28m。

③ 外壳材质：碳钢。

④ 炭基催化剂装填量：$5m^3$。

（3）离心风机

① 型号：4-68-12.5C。

② 材料：叶轮、外壳、轴盘材质为碳钢。

③ 功率：90kW。

（4）电气控制柜

控制箱为室内型；风机采用变频器控制，变频器采用国产优质品牌，品牌为欧瑞、欣灵、森兰；PLC品牌采用西门子；空气开关、继电器、接触器、按钮、手自动开关品牌采用施耐德和德力西。

（5）风管

室外风管为镀锌螺旋风管，风管厚度0.6～1.2mm。

10.5.2 运行费用

印刷有机废气系统中耗电设备：1台离心风机90kW，1台旋流塔循环水泵7.5kW，3台活性氧分子自由基发生器共6kW，1台排水电动阀0.09kW。合计总功率103.59kW。

基于印刷有机废气系统装机容量为103.59kW，例如每天工作按12h计算，电费按0.80元/(kW·h)计，电机功率系数按0.8计，即电机（每天）耗电费用：103.59×12×0.80×0.8=795.57元/d。

10.6 注塑有机废气多相催化氧化治理设备和运行费用

10.6.1 注塑有机废气多相催化氧化治理设备

（1）多相催化氧化塔

① 数量：1套。

② 规格尺寸：直径3.8m，高4.2m。

③ 填料区：2 层铁基催化剂和炭基催化混合填料层，顶部设置除雾层。

④ 材质：SUS304。

⑤ 循环水配置：功率 7.5kW 循环水泵 1 台，设置 3 层喷淋，循环水箱设置自动补水装置，循环水定期排放到厂区污水处理站。

⑥ 其他：外置注入式活性氧分子自由基发生器 3 台，单台最大额定功率 2kW。

(2) 炭基催化氧化净化器

① 数量：1 套。

② 设备尺寸：长 3m，宽 2.6m，高 3.28m。

③ 外壳材质：碳钢。

④ 炭基催化剂装填量：5m^3。

(3) 离心风机

① 型号：4-68-12C。

② 材料：叶轮、外壳、轴盘材质为碳钢。

③ 功率：55kW。

(4) 电气控制柜

控制箱为室内型；风机采用变频器控制，变频器采用国产优质品牌，品牌为欧瑞、欣灵、森兰；PLC 品牌采用西门子；空气开关、继电器、接触器、按钮、手自动开关品牌采用施耐德和德力西。

(5) 风管

室外风管为镀锌螺旋风管，风管厚度 0.6～1.2mm。

10.6.2 运行费用

注塑有机废气系统中耗电设备：1 台离心风机 55kW，1 台旋流塔循环水泵 7.5kW，3 台活性氧分子自由基发生器共 6kW，1 台排水电动阀 0.09kW。合计总功率 68.59kW。

注塑有机废气系统装机容量为 68.59kW，例如每天工作按 12h 计算，电费按 0.80 元/(kW·h) 计，电机功率系数按 0.8 计，即电机（每天）耗电费用：68.59×12×0.80×0.8＝526.77 元/d。

10.7　塑料包装制品厂多相催化氧化治理工程调试与监测

塑料包装制品厂多相催化氧化治理工程从立项到验收监测完成，共计持续约 10 个月时间。

治理工程立面如图 10.2 和图 10.3 所示。

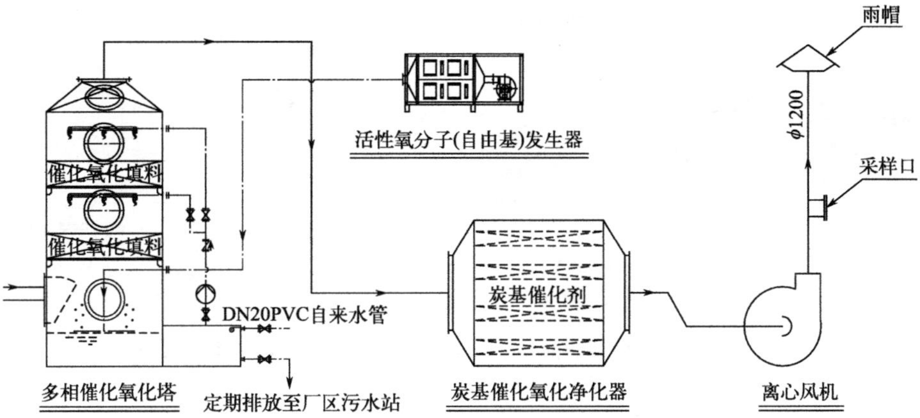

图 10.2　印刷有机废气多相催化氧化治理工程立面图（单位：mm）

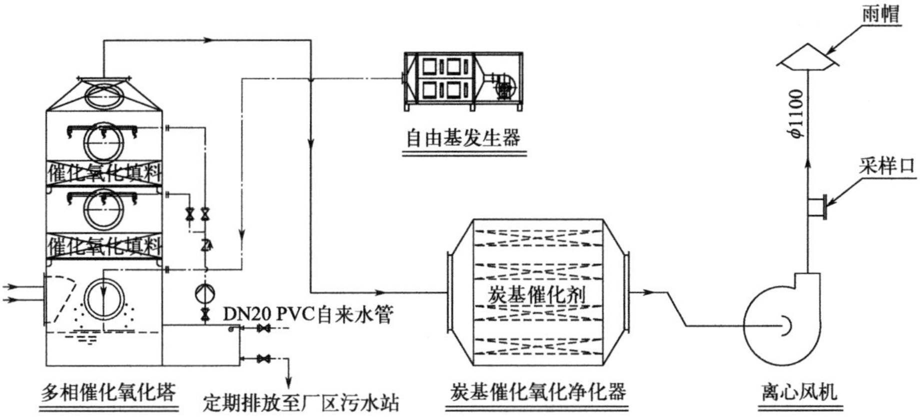

图 10.3　注塑有机废气多相催化氧化治理工程立面图（单位：mm）

现场环保系统如图 10.4 所示。

图 10.4　塑料包装制品厂多相催化氧化治理工程环保系统实照

委托第三方环保检测公司，2022 年 7 月 27 日和 28 日连续 2 天对治理工程进行实时监测，常态生产负荷下，印刷有机废气多相催化氧化系统处理效率达到 90%，注塑有机废气多相催化氧化系统处理效率达到 75%。整体治理工程达到了企业设定的目标要求，满足了国家及地方相关环保法规，实现了预期目标。

参考文献

[1] 中华人民共和国大气污染防治法（2018 修正）.
[2] 大气污染物综合排放标准 . GB 16297—1996.
[3] 恶臭污染物排放标准 . GB 14554—93.
[4] 建设项目环境保护设计规定 . 2009.
[5] 中华人民共和国环境保护法 . 2015.
[6] 大气污染物排放限值 . DB44/27—2001.
[7] 通风与空调工程施工质量验收规范 . GB 50243—2016.

[8] 工业企业厂界环境噪声排放标准 . GB 12348—2008.
[9] 挥发性有机物无组织排放控制标准 . GB 37822—2019.
[10] 合成树脂工业污染物排放标准 . GB 31572—2015.
[11] 董志权 . 工业废气污染控制与利用 [M] .北京：化学工业出版社，1998.
[12] 魏先勋 . 环境工程设计手册（修订版）[M] .长沙：湖南科技出版社，2002.